Maria L. Schasteen

DuftMEDIZIN für TIERE

Ätherische Öle und ihre therapeutische Anwendung im Tierreich

Maria L. Schasteen

Duft MEDIZIN für TIERE

Ätherische Öle und ihre therapeutische Anwendung im Tierreich

Es ist natürlich selbstverständlich, dass bei ernsthaften Erkrankungen ärztliche Hilfe unumgänglich ist. In einem solchen Fall kann eine Selbstbehandlung sogar lebensgefährlich werden.
Was hier gesagt und geraten wird, soll also keinesfalls den Arzt oder Heilpraktiker ersetzen, sondern es will vielmehr das Allgemeinwissen und den Wert natürlicher Heilkräfte erweitern, damit man sich bei Bedarf mit einfachen, natürlichen Mitteln selbst helfen kann.
Die Autorin und der Verlag können jedoch keine Haftung für Folgen aus dem richtigen oder unrichtigen Gebrauch der hier dargestellten Methoden und Rezepte übernehmen.

Das Einnehmen von nicht als *Nahrungsergänzung* gekennzeichneten ätherischen Ölen ist in der EU verboten.

Originalausgabe | 6. Auflage 2025

Kontakt: kontakt@crotona.de

© der Fotos: shutterstock.com | Renate Rechl – renate@rechl.com | Petra Michel/Söchtenau

Druck: Finidr | **ISBN: 978-3-86191-079-4**

Gesamtgestaltung: Annette Wagner

Cover unter Verwendung von 1479239243/shutterstock.com

Dieses Buch ist den Tieren groß und klein gewidmet,
die uns so viel Freude und Liebe schenken.

Und ihren Besitzerinnen und Besitzern,
die Hilfen, Freude und Glück für ihre Lieblinge
in der Apotheke der Natur suchen.

Inhalt

VORWORT **17**

TEIL I Ätherische Öle und ihre praktische Anwendung für Tiere **20**

1 **Die Anwendung ätherischer Öle im Tierreich** **21**

Ätherische Öle und ihre Anwendungsgebiete in einem raschen Überblick 21

Grundregeln für die Anwendung hochwirksamer Öle für Tiere 23

Vier beispielhafte Geschichten von der Wirkung reiner ätherischer Öle 24

Wie ich die Wirkung ätherischer Öle bei Tieren entdeckte 24

Pudel Hugo hatte einen lästigen Hautausschlag, der mit Weihrauchöl rasch abklang 27

„Mein armer Hund leckte seine juckende Pfote, bis sie roh war!" 29

Eine „unheilbare" Ohrinfektion ist mit Lavendelöl für immer abgeklungen 30

Die häufigsten Probleme unserer Haustiere 31

Angst und Nervosität: Ein Rettungshund, der sich fürchtete (Beruhigende Ölmischung) 32

Arthritis: Wie ein von Schmerz geplagter Hund wieder beschwerdefrei wurde (Nahrungsergänzung) 33

Blutung und offene Wunden: Ein verletztes Huhn und das Lavendelöl 35

Erkältungen und Husten: Dank Copaiba Öl war der Zwingerhusten rasch abgeklungen 37

Flöhe: Zitronengras erlöste meinen Hund von diesen lästigen Plagegeistern 38

Hautgeschwulst: Das Frettchen, das nicht sterben sollte (Beruhigende Ölmischung) 39

Knochen: Lavendel und Pfefferminze retten einem verletzten Hund den Tag 40

Reisekrankheit: Lumpi und sein Ingweröl 41

Ruhe und Gelassenheit: Wie man sein Haustier in jeder Lebenslage schnell und gründlich beruhigt (Beruhigende Ölmischung) 42

Stress: Der gerupfte Kakadu und das Lavendelöl 43

2 **Die Aroma-Hausapotheke für Tiere** **47**
Diese Öle sollte man immer zur Hand haben 49
Grundregeln für die sichere Anwendung 50
Dosierung, Anwendung, Sicherheitsbedenken 51
Die richtige Dosierung 54
Die Anwendung 54
Es gibt drei Arten der Anwendung. 55
Über das Einatmen 55
Über die Haut 55
Über Nahrungsergänzungen 56
Besondere Sorgfalt im Umgang mit ätherischen Ölen 57
Anzeichen einer Vergiftung 58
Das vielzitierte „Wintergrünöl" 58
Das Lavendelöl, das keines war … 60
Einzelne Öle zur Unterstützung der Körpersysteme 62

3 **Die Aromapflege bei Tieren** **65**
Ölmischungen – ein Powerhaus 65
Der Aroma-Diffuser 66
Das Vernebeln von ätherischen Ölen für Haustiere 67
Ein Wasserspray 68
Das Badevergnügen 69
Ein Ölspray für die Körperpflege 70
Einreibung und Massage 70
Die Fellpflege 71
Wickel und Kompressen 72
Das Zähneputzen 73
Rezepte: Zecken, Entwurmen, Ohrreinigung, Ölmassage, Hundespray, Shampoo 74
Trockenshampoo für Hunde 74
Ein Haferflocken-Shampoo nach Dr. Eric Zielinski 74
Ein Floh- und Zeckenspray mit ätherischen Ölen 75
Kokosöl wehrt Zecken ab 76
Wie man eine Zecke entfernt 76
Ein einfaches Spray gegen Fliegen, Gelsen, Flöhe und Kakerlaken 76
Ein Spray gegen Angst 77
Desinfektionsmittel für die Hände 77

Eine antibakterielle Ölmischung, auch für Katzen und Frettchen geeignet ... 77
Mundgeruch bei Hunden und Katzen ... 78
Entwurmen bei Hunden und Katzen ... 78
Dr. Melissa Shelton empfiehlt ein spezielles Rezept zum Entwurmen ... 78
Die Ohrreinigung ... 79
Ölmassage für Beulen und Hautgeschwüre ... 79

4 **Hunde ... 81**
Der kleine Bruder des Wolfes ... 81
Die häufigsten Probleme bei Hunden ... 83
Symptom – Ursache – Behandlung – Prävention ... 83
Allergie ... 83
Arthritis ... 83
Copaiba brachte einem an Arthritis leidenden Hund neue Lebensfreude ... 84
Cushings-Syndrom ... 84
Durchfall ... 85
Epilepsie bei Hunden ... 85
Mein Hund hat keine epileptischen Anfälle mehr (Lavendel, Weihrauch) ... 85
Flöhe, Ungeziefer ... 86
Hautausschlag, Beulen ... 87
Herzwurmerkrankung, Prävention ... 87
Husten, Zwingerhusten ... 88
Juckender, stinkender Hund – Hefepilzinfektion ... 88
Katarakt bei Hunden ... 89
Luxation, Patellaluxation ... 89
Muskelschwund ... 90
Nässende Wunden ... 90
Wunde Stelle am Schwanzansatz meines Rottweilers (Lavendel, Kamille) ... 91
Obsessives Lecken ... 91
Geschwulst am Hund ... 92
Hund mit Geschwulst und sein Weihrauchöl ... 92
Erfahrungsberichte von Hundebesitzern ... 93
Rosmarin kann beides: Die Nerven beruhigen und den Geist hellwach machen. ... 93
Der verrückte Lover und das Lavendelöl ... 94
Jeden Winter bekommt mein Hund eine trockene Haut und schuppige, kahle Stellen (Lavendel, Weihrauch, Copaiba, Teebaumöl) ... 94
Ein Bienenstich in der Tatze und das Lavendelöl ... 95

Rockys Zyste hat sich innerhalb kurzer Zeit mit Weihrauchöl aufgelöst! 96
Mein Hund fürchtet sich vor einem Gewitter (Lavendel) 96
Mein Hund liebt Öle, und sie helfen seinem Blutdruck (Ylang Ylang und Copaiba) 97
Harninkontinenz bei unserem alternden Hund (Copaiba)..............................97
Copaiba für einen eitrigen Hundezahn 98
Wuchs am Hundeohr (Teebaumöl) 98
Die Dogge mit dem chronischen Nierenversagen (Thymian, Wacholder) 98
Ein Golden Retriever mit Hüftdysplasie (Rosmarin, Wintergrün, Weihrauch) 99
Oregano und die Harnwegsinfektion 100
Die erfolgreiche Parasitenkur 100
Meningitis 101
Traumata 102
Nervosität...102
Bauchspeicheldrüsenentzündung 102
Der Mops mit chronischer Gastritis, der nach dem Pfefferminzöl verlangte 103

5 **Katzen 105**
Die Katzengöttin, die Liebe, Schönheit und Anmut verkörpert 105
Welche ätherischen Öle sind für Katzen sicher? 106
Welche ätherischen Öle sollte man bei Katzen meiden? 106
Wie viel ätherisches Öl nimmt man bei Katzen? 107
Das Vernebeln ätherischer Öle im Aroma-Diffuser für Katzen.........................107
Warum können ätherische Öle bei Katzen toxisch wirken? 107
Die große Kontroverse 108
Was Katzen lieben 108
Die artgerechte Katzennahrung 110
Die duftende Katzenpflege...111
Katzen sind verspielt 113
Gefahren für die Katze 114
Die falsche Ernährung 114
Gifte in Haushalt und Garten 115
„Giftige" ätherische Öle 115
Kann ich jede Art von ätherischen Ölen für Katzen verwenden?.....................116
Warum wenden Tierärzte und Tierheilpraktiker ätherische Öle an? 116
Wie Tieraromatologen Katzen mit hochwirksamen ätherischen Ölen pflegen 117

Gina, das Stallkätzchen (Kamille, Lavendel, Geranie, Weihrauch) ... 118
Die häufigsten Probleme bei Katzen ... 119
Symptome – Ursache – Behandlung – Prävention ... 119
Allergie ... 119
Arthritis ... 120
Arthritis: Die Katze und ihr Wintergrünöl – Ein Erfahrungsbericht ... 120
Diabetes ... 121
Durchfall ... 121
Haarbälle ... 121
Harnwegserkrankung ... 122
Konjunktivitis ... 122
Ohrmilben, Ohrräude, Ohrinfektion ... 122
Talgdrüsenzyste ... 123
Talgdrüsenzysten auf dem Schwanz meiner Katze und das Weihrauchöl ... 123
Erfahrungsberichte von Katzenbesitzern ... 124
Kater Spanky verliert seinen Bruder ... 124
Haarverlust oder Die schöne Angorakatze ist zurück! (Antibakterielle Ölmischung) ... 125
Die Katze mit dem verletzten Auge (Weihrauch und Lavendelöl) ... 125
Meine Katze und ihre Ohrenschmerzen (Lavendel) ... 126
Meine Katzen haben jetzt ein Hilfsmittel für Herpes, es heißt Pfefferminze ... 127
Wie man den Gestank von Katzenurin mit Zitronenöl neutralisiert ... 128
Meine streunende Katze brachte Flöhe mit nach Hause (Eukalyptusöl) ... 128
Die abenteuerliche Mia und das Lavendelöl: Wie Lavendel bei Schnittwunden und Abschürfungen hilft ... 129
Wie man verklebte Katzenaugen mit Lavendel wieder aufbekommt ... 129

6 **Pferde ... 131**
Pferde, unsere treuen Begleiter ... 131
Ätherische Öle – beliebte Hausmittel für Pferde ... 132
Die Anwendung ätherischer Öle bei Pferden ... 132
Beliebte ätherische Öle für Pferde ... 133
Auch Pferde haben Emotionen ... 133
Ätherische Öle, die beruhigend wirken ... 133
Ätherische Öle, die Mut machen und Sicherheit geben ... 134
Ätherische Öle, die Enttäuschungen aus der Zellerinnerung lösen ... 134
Die häufigsten Beschwerden bei Pferden ... 134

Symptome – Ursache – Behandlung – Prävention ... 134
Fliegenplage ... 134
Huferkrankungen: Hohle Wand – Infektion im Huf des Pferdes, Fußfäule ... 135
Kolik, die häufigste Todesursache bei Pferden ... 135
Knochenbruch ... 136
Muskelgewebe, Bänder ... 136
Parasiten ... 136
Satteldruck ... 137
Eine traumatisierte Stute findet ins Leben zurück ... 138
Wie ätherische Öle die Wundheilung unterstützen ... 143
Rezepte aus der kleinen Stallapotheke ... 144
„Das Öl für pure Lebensfreude" und der Irish Tinker Merlin ... 146
Erfahrungsberichte von Pferdebesitzern ... 148
Muskelschwund des Pferdes mit Antioxidantiensaft rückgängig gemacht ... 148
Pferd Nina und die Atemprobleme (Oregano, Thymian, Basilikum, Zypresse, Wintergrün, Majoran und Pfefferminze) ... 149
Das kranke Fohlen Pipo sollte eingeschläfert werden (Antimikrobielle Ölmischung) ... 150
Der Reitunfall, MRSA und eine besondere Ölmischung (Balsamtanne, Lavendel, Kamille, Weihrauch) ... 151

7 **Für alle großen und kleinen Tiere ... 155**
Wie du die richtige Anwendung und Dosierung für dein Haustier findest ... 155
Milchproduktion bei unseren Milchziegen mit Fenchel erhöht ... 155
Wie behebt man die unangenehmen Gerüche in Käfigen und Ställen ... 156
Geruchskontrolle im Hasenstall ... 156
Duftende Kiefernholz-Einstreu für gesunde, glückliche Tiere! ... 158
Vögel und gefiederte Tiere (Hühner, Truthähne, Gänse, Enten) ... 159
Fische und Schildkröten ... 161

TEIL II Ätherische Öl, Ernährung, Umwelteinflüsse und Emotionen ... 162

8 **Die artgerechte Tierhaltung mit den Hilfen aus der Natur ... 163**
„Denn das Geheimnis des Lebens ist Liebe." ... 163
Die Urmedizin für Mensch und Tier ... 164
Die Stärke liegt in der Einfachheit ... 165

9 **Die gesunde Ernährung für Haustiere ... 167**
Ätherische Öle für die Verdauung ... 167

Die sechs wichtigsten Nahrungsergänzungen für Haustiere 169
Grüne Spirulina Algen 169
Wolfsbeerensaft – der wohl stärkste Antioxidantiensaft 171
Wie Wolfsbeeren meinen Hund wieder jung machten 171
Sulfur-MSM: Lebenswichtige Enzyme 172
Hüftprobleme bei einer deutschen Schäferhündin 172
Ein Hund wird von seiner schmerzhaften Arthritis erlöst 172
Dogge Sam und die Altersarthritis 173
Omega-3-Fettsäuren 173
Nahrungsergänzung für Knochen, Muskeln, Bänder und Sehnen 174
Bio-Colostrum – die Erstmilch der Kuh 175
Wie Bio-Colostrum Wunden und Schnupfen begegnet 176
Zahnschmerz, Bio-Colostrum und das Copaibaöl 176

10 **Umwelteinflüsse: Umweltgifte und die gesunde Alternative 179**
Die alarmierende Umweltverschmutzung 179
Die gesunde Alternative 180
Gesunde Haushaltsreiniger für Haus, Hof und Stall 182
Der antimikrobielle Spritzer 182
Der antimikrobielle wasserlose Handreiniger 182
Das biologische Spülmittel 182
Der natürliche Fleckenentferner 183
Der natürliche Geruchsentferner 183
Das natürliche Fensterputzmittel 184
Das natürliche Desinfektionsmittel 184
Ein Putzmittel, das Leben retten kann 185
Wie ich die Pfoten meines Hundes desinfiziere 186
Warum man die Pfoten desinfizieren sollte 187

11 **Beziehung, Liebe und Emotionen 189**
Liebe ist ewig, alles andere vergeht 189
Emotionale Arbeit mit misshandelten Tieren 190
Katie, die verkaufte Braut 190
Das ängstliche Haustier 192
Beruhigende Öle erfreuen das Herz 192
Tiere sind auch Seele 193
Tiere als Heiler 193
Tiere als Helfer 194
Tiere als unsere Beschützer 194

TEIL III Die Öle im Überblick **196**

12 **Tabellen von A bis Z: Ätherische Öle und ihre therapeutische Anwendung für Tiere** **197**

Die beliebtesten ätherischen Öle in der Tierpflege 197

Die beliebtesten Ölmischungen zur schnellen Anwendung 201

Anwendung ätherischer Öle bei verschiedenen Tierarten 203

Ätherische Öle in der Tierpflege nach Beschwerdebildern 205

Pflanzen und ihre lateinischen Namen 210

Adressen **211**

Ausbildung zum Zertifizierten Tieraromatologen 211

Tierärzte, Tierheilpraktiker, Tierenergetiker, Tieraromatologen 211

Bezugsquellen 213

Über die Autorin 214

Literaturhinweise **215**

Index **217**

Die Anwendung hochwirksamer ätherischer Öle im Tierreich bedarf einer Warnung und eines Sicherheitshinweises, die du unbedingt beachten solltest.

Bevor ich dich in eine wunderbare Welt der Düfte und ihrer außerordentlichen Wirkungen für deine Haustiere entführe und bevor du mit der Anwendung ätherischer Öle beginnst, bitte ich dich dringend, die **Grundregeln für die sichere Anwendung** im Kapitel ***Die Aroma-Hausapotheke für Tiere*** (Seite 47ff.) zu lesen und zu beachten.

Bevor du ätherische Öle kaufst und an deinem Tier anwendest, solltest du erstens sicher sein, dass du 100% reine, nach therapeutischem Standard hergestellte Öle verwendest, und zweitens solltest du dir über die Art ihrer Anwendung im Klaren sein.

Die meisten Öle, die du in irgendeinem Reformhaus oder Bioladen zu kaufen bekommst, enthalten synthetische Zusatzstoffe oder sind 100% synthetisch hergestellt und können massive **Nebenwirkungen wie Verbrennungen und Vergiftungen** verursachen. Sie werden dennoch in Reformhäusern und anderen Läden mit der Bezeichnung „100% reines ätherisches Öl" verkauft. Aber das sind keine nach therapeutischem Standard hergestellten reinen ätherischen Öle!

Die Verwendung dieser Öle solltest du unbedingt vermeiden. Warum? Das erzähle ich dir ausführlich in dem Kapitel ***Die Aroma-Hausapotheke für Tiere*** anhand einer Lavendel-Geschichte.

Bitte also vor dem Kauf und der Verwendung ätherischer Öle unbedingt dieses Kapitel lesen und die Sicherheitshinweise und die Art der Anwendung beachten.

Wenn du das beherzigst, wirst du dieselben großartigen Erfolge an deinen vierbeinigen, gefiederten oder geschuppten Freunden erzielen, wie sie hier in diesem Buch beschrieben sind.[1]

---

1 Alle Geschichten in diesem Buch beruhen auf wahren Begebenheiten. Die Namen sind aus rechtlichen Gründen und zum Schutz der Privatsphäre verändert.

ACHTE DARAUF: Du kannst unbesorgt reine ätherische Öle an deinem Tier verwenden, die nach **therapeutischem Standard erzeugt und 100% reines ätherisches Öl** und keinerlei synthetisches sowie minderwertiges Material enthalten. Bei diesen Ölen brauchst du nur die Dosierung zu beachten. Sie wirken **nicht toxisch** wie synthetische Öle. **Nur 2%** der weltweit hergestellten ätherischen Öle entsprechen dieser höchsten Qualität. Du musst also wirklich sehr darauf achten, welche Öle du verwendest.

VORWORT

Als Arzt habe ich mich mein ganzes professionelles Leben darum bemüht, Menschen zu helfen. Leider wurde mir erst spät in meiner Karriere bewusst, dass in der modernen Medizin oft Symptome behandelt werden, ohne die Ursachen zu untersuchen oder anzusprechen. In den letzten zehn Jahren bin ich durch einen signifikanten Wechsel gegangen, indem ich versucht habe, die Ursachen von wirklichen Gesundheitsproblemen zu finden und mehr in der Gesundheits*vorsorge* aktiv zu sein. Ich nenne dies: „Das Leben oberhalb der Linie."

Das hat sich für mich selber und auch für viele meiner Patienten gelohnt. Meine Frau und ich haben unser Haus so gift-frei wie möglich gemacht und einen Lebensstil angenommen, der uns hoffentlich für lange Zeit gesund und fit halten wird. Dies schließt auch unsere Hunde ein.

Meine Frau hat vor Jahren angefangen, aktiv in verschiedensten Hunderettungsaktionen mitzumachen. Nach und nach wurde natürlich die ganze Familie mit einbezogen. Neben „normalen" Pflegehunden haben wir uns oft um diejenigen Hunde gekümmert, die von allen aufgegeben wurden und sehr krank waren. Einige Hunde, die wir aus der Todeszelle im Zwinger herausholten, hatten nicht nur ihr Todesurteil wegen Überbelegung bekommen, sondern auch, weil sie so krank waren. Man sagte uns, dass wir uns hier nicht bemühen sollten, da diese Hunde die Nacht wahrscheinlich nicht überleben würden. Meine Frau und ich haben uns dann für zwei bis drei Tage in 2-Stunden-Schichten abgelöst und uns um diese todkranken Hunde gekümmert.

Und siehe da, heute rennen einige von ihnen im Garten herum, und niemand würde je annehmen, dass diese Hunde an schweren Verletzungen, Herzproblemen, Hirnhautentzündungen, Lungenentzündungen, Leberversagen und anderen Problemen gelitten hatten.

Es ist auch Tierliebhabern bewusst, dass in vielen solchen Fällen die Tiere aufgegeben werden. Mit viel Liebe, wenn nötig mit Medikamenten und Chirurgie, und auch mit natürlichen Heilmitteln kann jedoch einiges erreicht werden. Ätherische Öle zum Beispiel können die Gesundheit von verschiedensten Organsystemen in Menschen wie auch in Tieren unterstützen. Alle unsere Hunde werden regelmäßig mit ätherischen Ölen in verschiedenster Form belohnt. Wir haben nun fünf Hunde – entweder wurden diese Tiere nach der Heilung nicht adoptiert oder wir konnten sie nicht mehr zur Adoption freigeben, da sie uns so ans Herz gewachsen waren – die nun froh (und laut) in Haus und Garten herumtollen.

Die ätherischen Öle wurden nicht nur zur Unterstützung der Gesundheit dieser Lebensgefährten eingesetzt, sondern auch zur emotionalen Unterstützung derjenigen Hunde, die misshandelt wurden. Es dauert dann oft Jahre, bis sie sich um Menschen herum wieder wohlfühlen. Regelmäßige Aromatherapie (in unserem Haus laufen immer irgendwo einige Aroma-Diffuser mit ätherischen Ölen) nimmt hier einen wichtigen Platz ein.

Ich bin sehr froh, dass Maria Schasteen, die Autorin von *DuftMedizin*, nun auch ein Buch über ätherische Öle und Tiere geschrieben hat. Ihr erstes Buch war ein voller Erfolg und hat sich mit der Anwendung von ätherischen Ölen bei Menschen befasst. Ätherische Öle müssen etwas anders bei Tieren angewandt werden. Die meisten Tiere haben zum Beispiel einen viel besser ausgebildeten Geruchssinn als Menschen. Das muss dann berücksichtigt werden, wenn man ätherische Öle anwendet. Viele Tiere sind auch leichter, und demzufolge muss die Menge der Öle angepasst werden. Wir wissen auch, dass nicht alle Öle, die bei Menschen ohne Probleme angewandt werden, bei Tieren in derselben Art und Menge verabreicht werden können. Deshalb brauchen wir mehr Autoren wie Maria, die uns hier helfen.

Unsere Familie (inklusive unserer fünf Hunde und jeweiligen Pflegehunde) wünscht Ihnen eine tolle Reise durch dieses Buch und viel Erfolg mit Ihren tierischen Lebensgefährten.

Dr. med. Olivier Wenker
Tierliebhaber
Gründer der Biocode Academy
Ret. Professor, *The University of Texas*
Experte für integrative Medizin und ätherische Öle
Internationaler Referent
http://doctoroli.com
www.facebook.com/doctoroli

„Aroma: ein Wispern, das die Nase hört."
Unbekannt

Was ist die Voraussetzung für eine glückliche, ausgelassene und heitere Beziehung zwischen dir und deinem Haustier? Wovon hängt das Glück zwischen dir und deinem Hund, deiner Katze, deinem Pferd, deinem Liebling in jedem Augenblick ab?

Ich behaupte, es ist die Gesundheit.

Wenn dein Haustier krank ist und unter Beschwerden leidet, dann leidest du mit ihm. Dieses Leid muss oft nicht sein.

Für viele Beschwerden, die dein Haustier heimsuchen, gibt es die wirksamsten und natürlichsten Mittel aus der Natur. Diese hochwirksamen Mittel sind die ätherischen Öle der Pflanzen, die seit Jahrtausenden die Urmedizin der Menschheit bilden. Ihre therapeutische Wirkung auf Mensch und Tier ist schier unglaublich.

Mit diesem Buch möchte ich dir diese therapeutische Wirkung der ätherischen Öle näher vorstellen und dir helfen, eine natürliche Hausapotheke anzulegen, die dir und deinem „Tier-Freund" in allen Lebenslagen gute Dienste leisten wird.

Diese Apotheke der Natur soll dir helfen, dein Haustier – und somit auch dich – gesund und glücklich zu machen und zu erhalten.

Viel Freude beim Lesen
wünscht dir deine
Maria L. Schasteen

TEIL I: Ätherische Öle und ihre praktische Anwendung für Tiere

Die Anwendung ätherischer Öle im Tierreich

1

Ätherische Öle und ihre Anwendungsgebiete in einem raschen Überblick

Besonders hilfreich für die schnelle Anwendung der geeigneten Öle in jeder Situation sind Ölmischungen. Sie sind deshalb ideal, weil man mit einem Griff alle ätherischen Öle in einem Fläschchen verfügbar hat, die für die jeweilige Situation am besten geeignet sind. Daher werde ich im Verlauf des Buches immer wieder auf die gängigsten *Ölmischungen* hinweisen, die man sich auch selbst zusammenstellen kann. Hier ist ein Überblick:

Die gebräuchlichsten Ölmischungen	
Antibakterielle Ölmischung	*Melaleuca alternifolia*, Rosmarin, Zitronella u.a.
Antimikrobielle Ölmischung	*Eucalyptus radiata,* Nelke, Rosmarin, Zimt, Zitrone u.a.
Antiseptische Ölmischung	Lavendel, *Melaleuca alternifolia, Melaleuca quinquenervia*, Rosmarin u.a.
Beruhigende Ölmischung	Kamille, Mandarine, Orange, Patschuli und Ylang Ylang u.a.
Ölmischung gegen Schmerzen	Balsamtanne, Immortelle, Oregano, Pfefferminze u.a.
Ölmischung für die Knochen	Balsamtanne, Lavendel, Römische Kamille, Mandarine, Weihrauch, Zistrose u.a.
Ölmischung für die Verdauung	Anis, Estragon, Fenchel, Ingwer, Patschuli, Pfefferminze, Wacholder, Zitronengras u.a.
Ölmischung für die Atmung	Eukalyptus, Kiefer, Myrte, Pfefferminze, Ravensara, Zypresse u.a.
Trauma Ölmischung	Fichte, Lavendel, Limette, Rose, Weihrauch, Zedernholz u.a.

Quelle: Essential Oils Integrative Medical Guide

Hier ist eine Liste von ätherischen Ölen, die das alltägliche Leben unserer Haustiere leichter machen können. Die **fett** gedruckten Öle sind diejenigen, die am häufigsten verwendet werden. Aus diesen Ölen kann man sich eine hochwirksame Hausapotheke zusammenstellen. Lavendel ist ein wunderbares Universalöl, das in keiner Hausapotheke fehlen sollte. Beim Kauf eines Öls ist auf die *exakte lateinische Bezeichnung* zu achten. Daher findest du am Ende dieses Buches eine Liste mit den Pflanzenölen und ihren wissenschaftlichen Bezeichnungen.

Ätherische Öle für rasche Hilfe		
Angst, Nervosität	**Lavendel**, Baldrian	Verdünnen, in den Händen verreiben und auf Rücken, Schnauze (nicht bei Katzen), Füße und auf Ohrspitzen reiben.
Arthritis	**Wintergrün**, Immortelle, Balsamtanne, Rosmarin, *Ölmischung gegen Schmerzen*	Mit Massageöl verdünnen und einreiben
Blutung und offene Wunden	Immortelle, Zistrose, **Lavendel**	Auf die Wunde auftragen
Erkältung und Husten	Eukalyptusöle, Teebaum (*Melaleuca alternifolia*), ***Ölmischung für die Atmung***	Auf Brust und oberen Rückenbereich auftragen. Minderwertiges Teebaumöl (Melaleuca) kann für Katzen tödlich sein.
Flöhe	Zitronella, **Zitronengras**, Eukalyptusöle, Kiefer, *Antibakterielle Ölmischung*	In Shampoo, Puder oder in Gel zur Ganzkörperbehandlung mischen
Hautgeschwulst	**Weihrauch**, Myrrhe	Auf die Stelle massieren, streicheln
Knochen, Sehnen	Fichte, **Wintergrün**, Zitronengras	Verdünnt auf die Stelle auftragen
Muskelschwund	**Majoran**, Lavendel	Nahrungsergänzung ins Futter mischen; mit ätherischen Ölen streicheln
Ohrinfektion	**Lavendel**, Copaiba, Balsamtanne	Mit Massageöl verdünnen und in das Außenohr und um das Ohr reiben
Reisekrankheit	**Ingwer**, **Pfefferminze**, *Ölmischung für die Verdauung*	Einatmen; mit Massageöl verdünnt auf den Magen reiben
Ruhe und Gelassenheit	**Lavendel**, Römische Kamille	Pferden dem Futter beifügen, für Katzen stark verdünnen
Stress	**Lavendel**, Balsamtanne	Auf Rücken, Schultern und Beine massieren

Grundregeln für die Anwendung hochwirksamer Öle für Tiere

Bevor ich dir aus der Praxis berichte, rate ich dir dringend, die Sicherheitshinweise im Kapitel ***Die Aroma-Hausapotheke für Tiere*** zu lesen, bevor du mit der Anwendung ätherischer Öle beginnst! Dort liest du allgemeine Hinweise zur Dosierung und Anwendung sowie allgemeine Sicherheitsregeln. Du erfährst die drei Arten der Anwendung, nämlich über die Atemwege, über die Haut und als Nahrungsergänzung.

- Ätherische Öle sind hochkonzentriert. Ein einziger Tropfen Pfefferminzöl ist das Equivalent von einundzwanzig Teebeuteln Pfefferminztee. Das heißt ganz deutlich: Ätherische Öle müssen für kleine Tiere wie Hund und Katze extrem stark verdünnt werden.

- Die Nasen unserer Haustiere sind hoch sensibel. Ein Hund riecht, zum Beispiel, vierzig Mal mehr als der Mensch. Man verwendet ätherische Öle zur Aromapflege bei kleinen Tieren daher so behutsam wie für ein Baby. Man lässt ein kleines Tier nicht an dem offenen Fläschchen riechen. Der Duft bei verschlossener Flasche ist oft schon genug.

- Die Grundregel für jede therapeutische Anwendung im Tierreich lautet: Man geht bei der Einführung und Anwendung ätherischer Öle im Tierreich verantwortungsbewusst, vorsichtig und einfühlsam vor.

- Mit Nachdruck sei nochmals darauf hingewiesen, dass man bei der Anwendung von ätherischen Ölen unbedingt darauf achten muss, Öle zu verwenden, die nach therapeutischem Standard hergestellt und, wenn eingenommen, als Nahrungsergänzung deklariert sind. Wenn man unsicher ist, sollte tierärztlicher Rat eingeholt werden!

Vier beispielhafte Geschichten von der Wirkung reiner ätherischer Öle

Lasse mich dich nun in die einfache Welt der Tiere und Pflanzen entführen, die ohne viel Wenn und Aber *Heilung schenken* und *Heilung annehmen*, so als wäre es das Selbstverständlichste auf der Welt. Das ist wohl auch das Geheimnis, warum die Wirkung ätherischer Öle bei Tieren oft so unmittelbar und scheinbar mühelos erfolgt, wie du in diesem Buch in vielen Geschichten lesen wirst.

Wie ich die Wirkung ätherischer Öle bei Tieren entdeckte

„Stelle dir vor, unter unserer Eingangsstiege sitzt eine kleine gelbe Katze!", erzählte ich meinem Mann aufgeregt am Telefon. „Sie trägt kein Halsband. Ich weiß nicht ob sie jemandem gehört", fügte ich hinzu. „Aber sie scheint einsam und verlassen dazusitzen, und ich glaube, sie wartet sogar darauf, dass jemand sie adoptiert." Ich wusste, wie sehr sich mein Mann eine Katze wünschte: „Wenn ich von der Arbeit heimkomme, fragen wir sie, ob sie bei uns einziehen will. Wenn sie sich nicht wehrt, dann ist das ein Zeichen dafür, dass wir sie mit nach Hause nehmen sollen."

Währenddessen lag das gelbe Kätzchen versteckt unter der Stiege im Sonnenschein. Ich saß auf der Treppe neben ihr, ganz still und sanft, um sie ja nicht zu verschrecken. Das Kätzchen machte keinerlei Anstalten wegzulaufen.

„Was hatte dieses kleine verlassene Wesen wohl in unsere Nähe gebracht? Wer hat ihr ausgerechnet diesen Platz zugewiesen? Es sind ja mehrere Stiegenaufgänge in dieser Wohnsiedlung", solche Gedanken wälzten sich in meinem Kopf. So saßen wir Seite an Seite, bis mein Mann endlich nach Hause kam.

„Willst du mit uns nach Hause kommen, kleines Kätzchen?", fragte er die Katze und setzte sie behutsam auf seinen Schoß. Der Kleinen schien das zu gefallen. Sie war gar nicht scheu in seiner Gegenwart, musste also schon einen Vorbesitzer gehabt haben, der sie wohl ausgesetzt hatte. „Armes Ding", sagte ich gerührt, als mein Mann mit der Katze im Arm die Treppen zu unserer Wohnung hinaufstieg. Er setzte sie in der Küche ab. Neugierig ging das Kätzchen auf Erkundungstour, während wir sie beobachteten und ihr hinterher gingen: „Was glaubst du", fragte ich. „Wird es ihr bei uns gefallen? Wird sie uns annehmen?"

„Sie ist neugierig", antwortete er. „Sie muss ja erst einmal das Haus besichtigen und gucken, ob sie hier bleiben will oder nicht." Diese Katze hatte sich ihre neuen Pflegeeltern regelrecht „ausgesucht". Wir waren über Nacht zu stolzen Besitzern eines – wie sich später herausstellte – jungen Katers geworden, den wir YC, *Yellow Cat*, nannten. Daheim machten wir es ihm gemütlich und beeilten uns, alles Notwendige für unsere neue Katze zu besorgen. Ich fuhr mit meinem Mann in den nächsten Tiershop. Ich wollte unbedingt, dass dieses kleine Wesen sich bei uns so richtig wohlfühlte. Mein Herz klopfte.

Ich schob unseren Einkaufswagen entschlossen durch die Gänge und sagte zu meinem Mann: „Wir brauchen ein Katzenklo, Streuschaufel und Streugut", und legte alles in den Wagen. „Schau, wie süß", lief ich auf einen Futter- und Wassernapf zu, der innen aus Edelstahl war und außen so süße Tatzen aufgemalt hatte. „Daraus würde ich ja selber gerne essen", zeigte ich freudestrahlend diese bunten Schüsseln meinem Mann. Der war über meinen Enthusiasmus amüsiert und zeigte auf ein riesengroßes Regal, das sich bog. „Schau, hier ist das Katzenfutter. Welches ist wohl das Beste für ihn?" Wir standen beide vor einer großen Auswahl von Säcken mit Trockenfutter und Dosennahrung und studierten die verschiedenen Sorten. Schließlich beschlossen wir, dass Hühnchen unserem neuen Freund am besten schmecken würde.

„Du hast recht, wir brauchen einen Kletterbaum", rief ich begeistert aus, als ich meinen Mann dabei beobachtete, wie er sich die Maße eines dieser Kletterbäume genauer ansah. „Kaufen wir einen, oder bastelst du einen?", schaute ich ihn erwartungsvoll an. „Natürlich baue ich ihm einen, was denkst du denn?", antwortete er und schien in seinem Kopf schon ein Luxusmodell für YC zu entwerfen.

Unser Einkaufswagen war bereits voll, als wir langsam auf die Kasse zusteuerten. Im Vorbeigehen nahm ich noch schnell ein paar Spielsachen mit: einen Katzenwedel, Sisalbälle mit Federn und eine Maus. „Haben wir alles?", fragte ich meinen Mann, als wir uns zum Zahlen anstellten. Schließlich waren wir zum ersten Mal Katzeneltern geworden und hatten keine einschlägige Erfahrung, wie ein komplettes Katzen-Zuhause aussehen sollte. Wir kamen nach Hause und machten dem Kater eine wunderschöne Ecke in unserer Wohnung. Beim Anblick all der schönen neuen Katzengegenstände ging mir das Herz über.

Doch während der ersten Nacht konnten wir kein Auge zudrücken. „Diese kleine süße gelbe Katze ist so überglücklich und dankbar, dass sie ein Zuhause gefunden hat", sagte ich mir. Sie schoss unaufhörlich durch die Wohnung hin und her! Ich hätte schwören können, dass sie glücklich und deshalb so ausgelassen war. Doch dann dämmerte es mir: „Entweder kann sie ihr Glück nicht fassen oder sie will zu ihrem alten Besitzer nach Hause zurück", hauchte ich kaum hörbar und fühlte, wie sich mein Herz zusammenzog. Der Gedanke, dieses süße kleine Kätzchen wieder zu verlieren, war für mich herzzerreißend.

Wir hatten ihn zwar gerade erst gefunden, aber innerlich hatte er für mich schon einen festen Platz in unserer Familie eingenommen. Ich war hin und her gerissen.

„Was haben wir gemacht? Haben wir ihn eingesperrt? Haben wir ihm ein Gefängnis gebaut?", schaute ich meinen Mann beklommen an. „Vielleicht will er weg", sagte dieser schließlich und öffnete die Küchentür, die in den Garten hinaus führte, und wir warteten ab. Die Katze kam, setzte sich vor unsere Füße und schaute uns groß an. Dann rannte sie wieder umher, kam zurück und schaute uns wieder an. „Sie macht keine Anstalten, hinaus zu gehen", stellte ich erleichtert fest. Die Küchentür war weit offen zum Garten, aber die Katze wollte nicht hinaus. Sie wollte nicht gehen. Sie wollte bleiben. Das war für uns das Zeichen, dass die *Yellow Cat* unsere Katze war.

„Gut", lachte ich erleichtert und schloss die Türe. „Was mache ich, um die Katze zu beruhigen, damit sie schläft und wir auch?" Von meiner Arbeit mit ätherischen Ölen wusste ich, welche Wirkung Düfte auf Menschen haben. Ich wusste, welch beruhigende Wirkung vor allem Lavendel hat. Jedes Mal, wenn ich den Aroma-Diffuser eingeschaltet hatte und Lavendel in die Luft vernebelte, waren meine Gäste, die zu Kaffee und Kuchen gekommen waren, hingerissen über den wunderbaren Duft, der den Raum erfüllte. (Ein Diffuser ist ein elektrisches Gerät, das mikrofeine Duftpartikel eines ätherischen Öls in den Raum bläst.) Ich wusste also, welch beruhigende Wirkung Lavendel auf unsere Gäste hat. „Wenn es bei den Menschen klappt, könnte es doch auch bei den Tieren klappen, oder?"

Ich füllte meinen Diffuser mit Wasser, fügte einige Tropfen Lavendelöl hinzu und schaltete ihn ein. Dann setzte ich unsere neue Katze auf meinen Schoß, streichelte sie und hätte ich es nicht besser gewusst, so hätte ich es nicht für möglich gehalten – sie schlief innerhalb weniger Minuten tief und fest ein. Vorsichtig legte ich sie in ihr neues Katzenbettchen und flüsterte meinem Mann dankbar zu: „Sie schläft!" Es kann auch sein, dass es meine Art sie zu streicheln war, die sie müde machte, aber das glaube ich nicht. Ich hatte eine Ahnung in mir, dass es das ätherische Öl war, das den Geist und die Nase dieses kleinen gelben Wesens verzaubert hatte. Und auch uns fielen beim Duft des Lavendelöls die Augen schließlich zu. Dankbar und voller Freude über unser neues Glück schliefen wir ein.

TIPP ZUR ANWENDUNG

So kannst du mit einem Aroma-Diffuser ätherische Öle zur Beruhigung deines Haustiers in den Raum vernebeln:

1. Für Katzen und alle kleinen Haustiere verwendet man einen auf Wasser basierenden Aroma-Diffuser, um nur einen zarten Dufthauch zu verbreiten, denn Katzen und andere Haustiere haben einen ausgeprägten Geruchssinn.
2. Man füllt den Diffuser bis zur Füllmarke mit Wasser an.
3. Dann fügt man 3 Tropfen eines Öls, z.B. Lavendelöl, hinzu.
4. Es wird mehrmals am Tag für kurze Zeit (etwa 15 Minuten) vernebelt.

Dieses Öl wurde verwendet: **Lavandula angustifolia**

Pudel Hugo hatte einen lästigen Hautausschlag, der mit Weihrauchöl rasch abklang

Hugo trottete durch den Flur, aber er kam nicht weit. Der Juckreiz trieb ihn zum Wahnsinn. Er blieb auf drei Beinen stehen und kratzte sich wie besessen. Dann setzte er sich, um noch gründlicher kratzen zu können. Die losen Haare flogen nur so durch den sonnendurchfluteten Flur, das konnte man deutlich sehen. Kein Kratzen schien Erleichterung zu bringen, trotzdem konnte er damit nicht aufhören. Rot entzündete Stellen schauten bereits durch sein schwarzes Fell hindurch. Schließlich ließ Hugo ab, raffte sich auf und stupste die Tür zu dem Zimmer auf, wo sein Frauchen Judith am Bett ihrer Freundin saß. Zusammen hatten sie heute Rosa besucht, die krebskranke Freundin von Judith.

Hugo kam zutraulich heran, setzte seine Vorderpfoten auf die Bettkante der Kranken und wollte schon zum Sprung ansetzen, da rief Judith erheitert! „Hugo, nicht springen! Was machst du denn da?" Sie schüttelte den Kopf und wunderte sich über ihren kleinen Vierbeiner, der sich heute ganz anders als sonst verhielt. Er war normalerweise nicht so zutraulich, besonders nicht in einer fremden Wohnung. „Sitz", sagte Judith zu ihrem Hund, der am Bettvorleger saß und mit großen Pudelaugen verlangend hinaufschaute. Dann überkam ihn der Juckreiz wieder, und er kratze sich wild und konnte nicht aufhören. Sein Leiden war nicht zu übersehen. „Was hat denn dein Hund?", fragte Rosa mitfühlend.

„Er leidet schon seit über einem Jahr an diesem lästigen Hautausschlag, und kein Mittel will helfen! Der Tierarzt hat ihm Salben und Sprays verordnet, aber nichts hilft!", sagte Judith besorgt. „Ich habe schon alles probiert."

Rosa hielt ein offenes Ölfläschchen in der Hand, woran der Hund ein großes Interesse zu zeigen schien. Sie schaute Judith fragend an: „Kann es sein, dass dein Hund mein Ölfläschchen haben will?" Judith stutzte: „Warum?" „Wir beide leiden doch an demselben Problem. Ich habe durch meinen Hautkrebs auch Hautschäden." Und Rosa fügte hinzu: „Meine Hautärztin hat mir dieses Weihrauchöl empfohlen. Es wirkt Wunder! Meine Haut sieht seitdem so viel schöner aus. Probiere es doch bei ihm aus. Er scheint es haben zu wollen."

Judith nahm misstrauisch das Fläschchen und roch daran. „Das duftet ja nach Weihrauch!", rief sie erstaunt aus. „Ja, das ist ein reines Weihrauchöl", schmunzelte Rosa und war sich sicher, dass wenn das Öl bei ihrem Hautkrebs half, es auch bei Hugos Hautausschlag Erleichterung bringen würde. Judith tropfte vorsichtig ein wenig Öl auf ihre Handfläche und rieb Hugos wunden Bauch damit ein. Der begann begierig daran zu lecken. „Jetzt leckt er das Öl ab", schaute Judith besorgt ihre Freundin an. „Kann er davon nicht krank werden?" „Nein, von einem hochwirksamen Weihrauchöl kann man nicht krank werden, ganz im Gegenteil. Ich nehme das Weihrauchöl ja auch ein", sagte Rosa beschwichtigend. „Nimm das Fläschchen mit nach Hause, ich habe noch ein zweites da. Reibe ihn morgens und abends damit ein und schau einmal, was passiert."

Judith befolgte den Rat ihrer Freundin, und schon nach zwei Tagen war der Hautausschlag verschwunden. Sie war so glücklich und erzählte überall, wie toll es Hugo gehe, wie viel Lust er wieder zum Spielen habe und dass der Arme sich nicht mehr andauernd kratzen müsse.

TIPP ZUR ANWENDUNG

Wie man lästige Hautausschläge bei seinem Haustier mit Weihrauchöl pflegt:

1. Ätherische Öle: Weihrauchöl; auch Lavendelöl wäre hilfreich.
2. Anwendung: 1-2 Tropfen Weihrauchöl wird in die Hand getropft und in die wunden Hautstellen eingerieben.
3. Man kann das Haustier auch mit der Hand streicheln, klopfen oder das Öl einmassieren.

Dieses Öl wurde verwendet:
Boswellia carteri oder Boswellia sacra, Lavandula angustifolia

Juckreiz und Ohrinfektionen sind die häufigsten Krankheitssymptome, warum Hunde- und Katzenbesitzer eine Tierheilpraxis aufsuchen.

„Mein armer Hund leckte seine juckende Pfote, bis sie roh war!"

Mein Freund Herbert musste vor ein paar Monaten seinen Jack Russell namens Carli zum Tierarzt bringen, weil er aufgrund von Allergien eine Stelle auf der Oberseite seiner Pfote leckte, bis sie roh war. Die Tierärztin verschrieb ein rezeptpflichtiges Spray, aber das schien seinem Hund keine Erleichterung zu bringen. Er versuchte auch mehrere rezeptfreie Sprays, Bitterapfel etc., doch ohne Erfolg. Das arme Tier konnte vor Schmerz nicht mehr richtig auftreten und humpelte. Die Wunde wurde immer schlimmer.

Herbert kam mit seinem sonst so lebhaften Carli zu einer Grillparty zu uns. Der Hund hatte eine verbundene Pfote, und ich bemerkte den schleppenden Gang. „Was hat dein Hund?", erkundigte ich mich. „Ach, er hat eine offene Stelle an der Pfote. Ich habe alles versucht, was die Tierärztin mir empfohlen hatte, aber nichts scheint zu helfen. Die Wunde heilt einfach nicht, wenn er immer daran leckt." Der Hund hatte sich einstweilen in eine Ecke des Gartens zurückgezogen und zerrte mit seinen Zähnen am Verband. „Verwende doch Lavendelöl", schlug ich vor, und lief ins Haus, um meine kleine Hausapotheke zu holen.

„Schau, das geht einfach und wird ihm helfen", ich stellte eine kleine Schüssel mit Aloe Vera Gel und das Lavendelöl auf den Tisch. „Du verrührst etwas Aloe Vera mit einigen Tropfen Lavendelöl und trägst das Ganze auf die offene Stelle auf." Wir gingen mit dem duftenden Schälchen zum Hund, lösten den Verband und mein Freund trug die Mischung vorsichtig auf die wunde Pfote auf. „Das Aloe Vera Gel kühlt die Wunde, das tut ihm gut", sagte ich.

Nach einer Woche erhielt ich von meinem Freund einen begeisterten Anruf: „Stell dir vor, Maria, ich habe die Mischung mit Lavendelöl zwei- bis dreimal täglich auf die Wunde aufgetragen. Nach der ersten Anwendung hörte er schon auf, die Wunde zu lecken. Die Mischung hat ihm so gut getan, man konnte direkt zusehen, wie die offene Stelle zuheilte. Jetzt ist es schon eine Woche her, die Wunde ist verheilt, und er zeigt auch keinerlei Allergie-Anzeichen mehr." Im Hintergrund hörte ich Bellen und Kinderlachen: „Er hat auch schon wieder Lust zu spielen, oder?"

TIPP ZUR ANWENDUNG

Wie Lavendel obsessives Lecken stoppt:

- Ätherisches Öl: Lavendel
- Anwendung: Bei offenen Wunden Lavendel in Aloe Vera Gel einrühren und auftragen.

Bei Hautirritationen, Ausschlägen und geschlossenen Wunden Lavendel in Kokosöl geben und auftragen.

Dieses Öl wurde verwendet:
Lavandula angustifolia

Eine „unheilbare" Ohrinfektion ist mit Lavendelöl für immer abgeklungen

Martins Hündin Shiva, eine Shih Tzu, ein tibetischer Löwenhund, hatte ein schreckliches Ohrproblem. „Nicht kratzen!", mahnte er, und wusste nicht, wie er die Hündin vom Kratzen abhalten konnte, während er das übelriechende Wachs aus ihrem Ohr entfernte. Martin brachte sie zum Tierarzt, der ein Steroid-Präparat verschrieb: „Dieses Medikament wird nicht verhindern, dass das Problem wiederkehrt, und es kann die Ohrinfektion auch nicht heilen; dieses Problem wird nie verschwinden." Dann fügte er noch hinzu: „Bitte unbedingt die ganze Flasche dieses Medikaments verwenden."

Martin befolgte die Anweisungen und bemerkte nach einer Zeit, dass die Hündin trächtig war. „Setzen Sie das Steroid-Medikament jetzt ab", empfahl der Arzt. Nachdem Shiva ihre Welpen hatte, brachte Martin sie wieder zum Tierarzt. Der riet, das Medikament nun erneut zu starten, um das Ohr endlich unter Kontrolle zu bringen.

Doch Martin wurde skeptisch, als der Arzt erklärte: „Während der Zeit der Trächtigkeit wird das Medikament abgesetzt, weil es nicht gut für das Tier ist. Aber jetzt kann man wieder damit beginnen." „Warum sollte ich dieses starke Medikament mit seinen vielen Nebenwirkungen, das während Shivas Schwangerschaft nicht gesund war, jetzt dem Muttertier verabreichen?", schüttelte Martin den Kopf.

Er erinnerte sich an eine Freundin, die ihm einmal von der unglaublichen Wirkung ätherischer Öle vorgeschwärmt hatte. Sie blickte auf eine jahrelange Erfahrung mit der Anwendung ätherischer Öle bei Tieren zurück. Martin rief sie an: „Welches Öl soll ich für Shivas Ohrinfektion nehmen?" „Ganz einfach!", antwortete sie. „Mische ein wenig **Lavendelöl** mit etwas Kokosöl und reibe diese Mischung um Shivas Ohr herum und auch ein wenig in das Außenohr – aber Vorsicht, nicht in den Ohrkanal bringen."

„Komm, mein Mädchen", sagte Martin, und reinigte zuerst das Ohr. Dann rieb er die Mischung wie beschrieben auf und um das Ohr. Am nächsten Tag war er gespannt: „Na, wie sieht unser Ohr heute aus?" Er schaute das behandelte Ohr an und konnte es nicht glauben. Die Infektion war fast abgeklungen. Das Ohr roch auch gar nicht mehr übel, ganz im Gegenteil, Shiva duftete herrlich nach Lavendel. Sie war wie ausgewechselt. Schon nach wenigen weiteren Anwendungen war die Infektion für immer Geschichte.

TIPP ZUR ANWENDUNG

Wie Lavendelöl einer Ohrinfektion begegnet:

- Ätherisches Öl: Lavendel
- Anwendung: Man mischt 1-2 Tropfen Lavendelöl in Kokosöl und reibt diese Mischung außen um das Ohr und auf das Außenohr. (Keine ätherischen Öle in den Ohrkanal bringen.)

Dieses Öl wurde verwendet: **Lavandula angustifolia**

„Der Wunsch, ein Tier zu halten, entspringt einem uralten Grundmotiv, nämlich der Sehnsucht des Kulturmenschen nach dem verlorenen Paradies."
Konrad Lorenz

Die häufigsten Probleme unserer Haustiere

- **Hunde** können oft an einer Luxation, einer Herzwurmerkrankung, an Tumorwachstum oder unter allerlei Ungeziefer leiden.

- **Katzen** wiederum kämpfen häufig mit Ohrmilben, dem Erbrechen von Haarbällen, Leberproblemen durch Umweltgifte sowie Parasiten.

- **Pferde** bringen Abschürfungen heim, leiden unter Rückenschmerzen von einem nicht passenden Sattel oder bekommen davon sogar Muskelschwund und benötigen eine besondere Hufpflege.

- **Vögel** können auch Arthritis bekommen, Federn verlieren oder unter Durchfall leiden.

- Alle **anderen Tiere**, wie Kühe, Schafe, Ziegen, Hamster, Frettchen, Hühner oder Fische, haben oft ihre eigenen kleinen Probleme, denen man gut mit hochwirksamen ätherischen Ölen begegnen kann.

Ich habe dieses Buch in einzelne Kapitel für Hunde, Katzen, Pferde und andere Tiere gegliedert, in welchen ich mich ausführlich mit der jeweiligen Tierart und deren häufigsten Beschwerden beschäftige.

Du findest im Bereich Hunde sehr viele Erfahrungsberichte, ebenso auch bei Katzen und Pferden. Den jeweiligen **Beschwerdebildern**, die du im Kapitel Hunde finden wirst, wirst du möglicherweise auch bei deinem Pferd, deiner Katze und deinem Vogel begegnen. Die jeweiligen **Mittel**, wie zum Beispiel das beruhigende Baldrian, funktionieren sowohl bei deinem Hund als auch bei deinem Pferd, deiner Katze und deinem Vogel. Nur die **Dosierung** und die **Art der Anwendung** ist jeweils anders. Eine übersichtliche Tabelle mit Beschwerdebildern sowie die Anwendung und Dosierung für alle Tiere findest am Schluss des Buches.

Angst und Nervosität: Ein Rettungshund, der sich fürchtete (Beruhigende Ölmischung)

„Ich habe einen Rettungshund, der schlimm misshandelt wurde", erzählte mir Peter. „Jax flippt jedes Mal total aus, wenn ich versuche, ihn zu bürsten, zu baden, seine Nägel zu trimmen oder ihn nur aufzuheben. Wie kann ich ihn beruhigen, so dass ich eine Beziehung zu ihm aufbauen kann?" Ich gab Peter eine Ölmischung, die unter anderem aus **Kamille, Mandarine, Orange, Patschuli** und **Ylang Ylang** bestand und zeigte ihm die Anwendung: „Mische zwei Tropfen davon mit einer kleinen Menge Pflanzenöl. Damit massiere die Unterseite seiner Pfoten, die Brust und den Schulterbereich."

Peter wendete diese Ölmischung an und, erzählte später: „Ich konnte direkt zusehen, wie Jax sich entspannte und mir vertraute, so dass ich ihn streicheln durfte. Ich ließ mir mit der Annäherung ein bis zwei Tage Zeit und benutzte diesen milden Duft, um dadurch mit ihm Freundschaft und Vertrauen aufzubauen. Nach einer Weile war es sogar so, dass ich ihn umarmen und an meine Brust drücken konnte. Nach und nach versuchte ich es mit dem Bürsten. Ich hatte den Eindruck, dass Jax anfangs auf der Hut war und auf der Lauer lag, als würde er sich an den Schrecken, der ihm angetan wurde, irgendwie erinnern. Aber diese Anspannung ließ schließlich immer mehr nach, und nun hat er so viel Vertrauen aufgebaut, dass er mich machen lässt. Langsam arbeiten wir uns jetzt auch an das Nägelschneiden heran. Danke, Jax geht es schon viel besser!"

TIPP ZUR ANWENDUNG

Wie beruhigende Öle Ängste, Stress und Unbehagen ausleiten und Ruhe und Frieden einleiten können.

- Ätherische Öle: Eine Ölmischung, die Ruhe und Frieden schenkt sowie Stress lindert, kann u.a. folgende Öle enthalten: Baldrian, Balsamtanne, Bergamotte, Geranie, Ingwer, Kamille, Lavendel, Majoran, Mandarine, Muskatellersalbei, Orange, Weihrauch, Sandelholz.
- Anwendung: Ein paar Tropfen in die Hände geben und auf die Schnauze (nicht bei Katzen), Pfoten, zwischen die Zehen und auf die Ohrspitzen sowie auf den Rücken auftragen.

Diese Öle wurden verwendet: Valeriana officinalis, Abies balsamea, Citrus bergamia, Pelargonium graveolens, Zingiber officinale, Chamaemelum nobile, Lavandula angustifolia, Origanum majorana, Citrus reticulata, Salvia sclarea, Citrus sinensis, Boswellia carteri, Santalum album

Arthritis: Wie ein von Schmerz geplagter Hund wieder beschwerdefrei wurde

(Nahrungsergänzung)

„Meine Deutsche Dogge Linus ist erst acht Jahre alt und hat schon Arthritis", klagte Barbara mir ihr Leid. „Ich möchte ihn nicht leiden sehen. Er ist doch mein Ein und Alles." Linus saß majestätisch neben seinem Frauchen. Seine klugen Augen schauten mich mit einem Hauch von Wehmut an. Nicht länger kann er seine ausgedehnten Spaziergänge machen und querfeldein laufen wie früher. Seine Knochen schmerzten, das konnte ich spüren. Linus legte zwar eine würdevolle Haltung an den Tag, jedoch bei jedem Aufstehen merkte man, dass er eine entzündete Flanke hatte und es ihm schwerfiel aufzustehen.

Mit leiser Stimme begann ich meinem Gegenüber zu erklären, dass Linus schon ein alter Herr war. „Gewöhnlich werden große Hunde nicht viel älter als neun Jahre", begann ich vorsichtig, was sie nicht gelten lassen wollte. „Aber mein Dackel Pipi ist doch auch fünfzehn Jahre alt geworden." „Kleinere Hunde haben eine größere Lebenserwartung", erwiderte ich beruhigend. „Aber was wir für Linus tun können, ist, seine Schmerzen und seinen Schwächezustand zu erleichtern und seine Gesamtkonstitution möglichst zu verbessern."

Ich holte einige Nahrungsergänzungen aus dem Schrank, die ich gewöhnlich selber zu mir nahm, um mich gesund und fit zu halten. „Das ist ein mineral- und enzymreicher **Gojisaft**. Er wird auch **Wolfsbeerensaft** genannt. Mische etwas von diesem Saft mit dem Pulver von **Sulfur-MSM** und dem **Knochen-Muskel-Sehnen** Präparat nach Anleitung zweimal täglich in sein Futter. Du wirst bemerken, dass Linus mit diesen wichtigen Nährstoffen weniger Beschwerden beim Spazierengehen haben wird. Seine Muskulatur wird sich stärken und er wird wieder kräftiger werden." Und ich fügte hinzu: „So können wir seine Lebensqualität steigern und sein Alter leichter und erträglicher machen."

Nachdem ich Barbara alles aufgeschrieben hatte, verabschiedete sie sich. Einige Wochen hörte ich nichts mehr von Linus und dachte mitfühlend an ihn, wie es ihm wohl erginge. Da erhielt ich eines Tages eine Postkarte mit einem wunderschönen Bild von der Lüneburger Heide. „Linus geht es hervorragend", las ich da. „Wir machen hier Urlaub, wandern viel und er scheint keine Schmerzen mehr zu haben! Ich weiß, dass diese Nahrungsergänzungen ihm helfen, denn ich sehe einen großen Unterschied, wenn er sie eine Zeit lang nicht bekommt. Dann schwächelt er wieder und ist launisch. Dank dir und dieser Nahrungsergänzungsmittel kann ich mit Linus wieder lange Spaziergänge unternehmen und sogar in den Urlaub fahren. Vielen Dank und beste Grüße aus der Lüneburger Heide, deine Barbara."

TIPP ZUR ANWENDUNG

Wie Wintergrün und eine Ölmischung gegen Schmerzen Arthritis begegnen

Veterinärmedizinerin Dr. Melissa Shelton empfiehlt ein Arthritis-Programm für Hunde, die sie selbst schon viele Jahre lang in ihrer Tierheilpraxis erfolgreich anwendet, um die herkömmlichen NSAID Medikamente zu ersetzen:

1. Nahrungsergänzungen:* Copaiba, Wolfsbeerensaft, Omega-3, Knochen-Muskeln-Sehnen Präparat, Sulfur-MSM
2. Ätherische Öle und Mischungen: Balsamtanne, Copaiba, Palo Santo, Vetiver, Wintergrün, Weihrauch, Ölmischung gegen Schmerzen aus Balsamtanne, Immortelle, Oregano und Pfefferminze u.a.
3. Anwendung der Öle: Einfach einige Tropfen mit einem Massageöl verdünnen, auf die Hand nehmen und einreiben.

Diese Öle wurden verwendet: Abies balsamea, Copaifera reticulata, Bursera graveolens, Vetiveria zizanoides, Gaultheria procumbens, Boswellia carteri.

*Siehe Abschnitt Nahrungsergänzungen

Blutung und offene Wunden: Ein verletztes Huhn und das Lavendelöl

Meine Nachbarin rief aufgeregt an: „Meine Henne Gusti wurde von einem Hund gepackt. Sie hat jetzt ein großes, klaffendes Loch am Rücken. Der Tierarzt war schon da und hat die Wunde genäht, aber es ist immer noch ein großes Loch zu sehen." Die Aufregung um ihre Henne war groß. Ich wusste, wie sehr sie ihre lustig gackernde Herde liebte. Ihre Hennen waren ihr Leben. Sie hegte und pflegte das Federvölkchen und kannte jedes einzelne Huhn beim Namen.

Mit meinem **Lavendelöl** lief ich zu ihr hinüber, und wir tropften dem verängstigt flatternden Tier Lavendelöl direkt in und um das Loch. „Das wiederholst du für einige Tage mehrmals am Tag", riet ich und drückte ihr das Fläschchen in die Hand. Gusti befreite sich aus ihrem Griff und suchte flugs das Weite. „Du musst die Wunde beobachten, damit wir im Falle einer Infektion schnell reagieren können."

Als ich die Henne nach ein paar Tagen wiedersah, hatte sie sich prächtig erholt. Die Wunde war geschlossen, und man musste ganz genau hinschauen, um die Stelle zu finden. Gusti bekam keine Infektion und war schon wieder zurück und gackernd bei ihrer Herde, und meine Nachbarin strahlte.

TIPP ZUR ANWENDUNG

Wunden bei gefiederten Tieren:

1. Direkte Anwendung von Ölen: Auf die **offene Wunde** gibt man Lavendel, Immortelle oder Zistrose. Bei einer **geschlossenen Wunde** kann man Immortelle oder Lavendel in Salbe oder Öl mischen und sparsam auftragen. (Nicht auf die Federn bringen.)
2. Wasserspray: Man besprüht das Tier mit einer Wasser-Ölmischung (120 ml destilliertes Wasser, etwa 15 Tropfen ätherisches Öl; vor Gebrauch gut schütteln). Folgende Öle werden von unseren gefiederten Freunden im „Federnspray" regelrecht geliebt: Lavendel, Orange und Zitrone.
3. Einnahme im Futter: Wenn die Wunde infiziert ist, hilft die *Antimikrobielle Ölmischung* aus *Eucalyptus radiata,* Nelke, Rosmarin, Zimt, Zitrone u.a. stark verdünnt unter das Futter gemischt.
4. Vernebeln mit dem Aroma-Diffuser: Einige Tropfen ätherischer Öle oder Ölmischungen wie Geranie, Immortelle, Lavendel, Zitrone sowie die Antibakterielle Ölmischung, Antimikrobielle Ölmischung und die Antiseptische Ölmischung mit dem Aroma-Diffuser in den Luftraum der Tiere vernebeln.
5. Nahrungsergänzungen*: Knochen-Muskeln-Sehnen Präparat, Wolfsbeerensaft, Omega-3, Sulfur-MSM

*Siehe Abschnitt Nahrungsergänzungen

Schmerztherapie bei gefiederten Tieren:

1. Einnahme: In einen Glasbehälter mit Schraubverschluss mischt man 1 Tropfen Immortelle, 1 Tropfen Myrrhe und 1 Tropfen Copaiba in 1 Teelöffel Pflanzenöl, z.B. Kokosöl. Davon gibt man ½ – 1 Tropfen ins Futter und steigert langsam, je nach der Reaktion des Tieres. (Zahnstochermethode: Einen Zahnstocher in das Ölfläschchen tauchen und damit umrühren.)
2. Wasserspray: Copaiba, Immortelle, Weihrauch
3. Nahrungsergänzungen: Knochen-Muskeln-Sehnen Präparat, Sulfur-MSM.

Diese Öle wurden verwendet: Lavandula angustifolia, Helicrysum italicum, Cistus ladanifer u.a.

Erkältungen und Husten: Dank Copaiba Öl war der Zwingerhusten rasch abgeklungen

„Ich musste meinen 12-jährigen Hund Benko in eine Hundepension geben, und als ich ihn abholte, hatte er einen trockenen Husten entwickelt", klagte Rita ihrer Freundin Hanna. „Im Allgemeinen lasse ich meinen Hund nicht impfen, und so hatte er keine Impfung erhalten. Was kann ich jetzt tun?" Rita hatte sich an Hanna gewandt, weil ihre Freundin in der Freizeit ehrenamtlich mit Hunden arbeitete und viel über Hunde-Erziehung und Hunde-Therapie wusste. Sie hatte immer ein paar Fläschchen dieser wohlduftenden ätherischen Öle dabei.

Rita hatte schon ein paar Mal bei den Spaziergängen bemerkt, wie sie diese Düfte für ihre eigenen Hunde einsetzte. „Hast du ein Mittel für mich, das ich gegen Benkos Husten verwenden kann?", fragte Rita. „Reibe ihm zweimal am Tag einen Tropfen **Copaiba** auf seinen Hals", riet Hanna, während sie aus ihrer Tasche ein kleines Fläschchen herausholte. „Wenn sich der Husten innerhalb von zwei Tagen nicht deutlich reduziert, gehen wir zum Tierarzt."

Nach drei Tagen rief Rita ihre Freundin an: „Stelle dir vor, der Husten ist weg! Ich bin so erleichtert. Ich danke dir. Ich möchte dich gerne zum Abendessen einladen. Und weißt du was, dabei kannst du mir viel, viel mehr aus der Welt deiner ätherischen Öle erzählen. Ich bin richtig gespannt darauf!"

TIPP ZUR ANWENDUNG
Wie man ätherische Öle bei Zwingerhusten anwenden kann:

1. Ätherische Öle: Copaiba, Eucalyptus radiata, Weihrauch, Zitrone, Zypresse, Antimikrobielle Ölmischung, Antiseptische Ölmischung, Antibakterielle Ölmischung
2. Vernebeln mit dem Aroma-Diffuser: 3 Tropfen Öl mit einem auf Wasser basierenden Aroma-Diffuser (bei offener Türe, falls es dem Hund zu viel ist) mehrmals kurz im Raum vernebeln.
3. Versprühen: Sprühflasche mit Wasser und ein paar Tropfen Antimikrobieller Ölmischung aus Eucalyptus radiata, Nelke, Rosmarin, Zimt, Zitrone u.a. füllen und auf Schlafplatz und Decken sprühen.
4. Streicheln: Ein Öl auf die Hand geben, verreiben und den Hund streicheln und daran riechen lassen. Massage inkl. Copaiba anwenden.

Dieses Öl wurde verwendet:
Copaifera reticulata

Flöhe: Zitronengras erlöste meinen Hund von diesen lästigen Plagegeistern

Susi rief bei ihrer Nachbarin Marianne an und sagte: „Hey, gehen wir mit Waldi und Fee spazieren, damit sie ein bisschen Auslauf haben." Da sagte die Nachbarin: „Du, da muss ich dich warnen. Bringe deinen Waldi derzeit nicht mit meiner Fee in Verbindung. Ich glaube, die hat Flöhe. Sie kratzt sich überall. Dann steckt sie euch auch noch an."

„Echt? Zu dumm!", erwiderte Susi. „Dieses Problem hatten wir auch vor eineinhalb Jahren. Da hat mir meine Therapeutin **Zitronengras** empfohlen. Das hab ich mir besorgt und sollte zweimal täglich je 2 Tropfen auf die Innenseite seines Halsbandes tropfen. Das stoppte den Juckreiz." Wirklich?", rief Marianne aus.

„Aber das Öl sollte ich nicht nur an Waldi anwenden, sondern ich musste das ganze Haus mit einer Mischung aus Wasser und Zitronengras besprühen", erklärte Susi weiter. „Die Flöhe sind ja überall – im Teppich, auf Sofas, Decken, Stühlen, im Wäschekorb, im Bett und in jeder Ecke des Hauses. Außerdem hat mir meine Therapeutin geraten, alle meine Kleider zu waschen und dem Spülgang **Eukalyptus** beizufügen. Du wirst sehen, innerhalb kürzester Zeit erledigt sich das Problem von selbst."

TIPP ZUR ANWENDUNG

Wie ätherische Öle lästigen Flöhen zu Leibe rücken:

1. Ätherische Öle: Eukalyptus globulus, Pfefferminze, Zitronengras u.a. helfen sehr gut bei Flöhen und Ungeziefer.
2. Anwendung: 2 Tropfen Zitronengras auf die Innenseite des Halsbandes geben.
3. Vernebeln mit dem Aroma-Diffuser: Die Raumluft von Mikroben reinigen.
4. Sprühen: Polster, Decken, Teppiche und andere Brutstätten verdünnt mit Wasser und den oben angegebenen Ölen besprühen.
5. Waschen: Dem Spülgang der Waschmaschine 2 Tropfen Eukalyptus zufügen.

Diese Öle wurden verwendet: Cymbopogon flexuosus, Eucalyptus globulus

Hautgeschwulst: Das Frettchen, das nicht sterben sollte (Beruhigende Ölmischung)

Wir sind Liebhaber von Frettchen – und fünf von ihnen besitzen uns. Einer unserer kleinen Jungen namens Fatz hatte Krebs und drohte uns schnell zu verlassen. Er war bis auf das Skelett abgemagert, als ich endlich meine Freundin, eine bekannte Tierärztin, die mit ätherischen Ölen arbeitet, erreichte. Sie empfahl: „Nimm eine sanfte, süße Ölmischung aus **Ylang Ylang, Orange, Mandarine, Patschuli und Blauem Rainfarn**. Sie wirkt beruhigend!" Das war die einzige Ölmischung, die sie empfahl. Wir sollten 1-2 Tropfen davon verdünnt auf seinen Rücken tropfen und einarbeiten.

Innerhalb von vierundzwanzig Stunden stieg das Frettchen aus seinem Körbchen und begann wieder zu fressen und Wasser zu trinken. Die Tierärzte konnten nicht glauben, dass dieses Tier wieder ins Leben zurück kam! „Ich hatte Fatz mit der einfachen Anwendung von ätherischen Ölen am Leben erhalten!"

Frettchen leiden häufig an Nebennierentumor, erklärt Dr. Melissa Shelton. Sie verlieren Haare und leben oft mit diesem Zustand. Ausschlaggebende Faktoren sind chemische Haushaltsreiniger und Gifte sowie Konservierungsmittel und Zusatzstoffe in der Nahrung.

TIPP ZUR ANWENDUNG
Frettchen mit Hautgeschwulst und eine beruhigende Ölmischung:

1. Ätherische Öle: Beruhigende Ölmischung aus Mandarine, Orange, Patschuli, Ylang Ylang u.a.
2. Vernebeln mit dem Aroma-Diffuser: 3 Tropfen Balsamtanne oder Weihrauch in Wasser vernebeln.
3. Streicheln: 1 Tropfen Weihrauch, Balsamtanne, Zitrusöle oder Sandelholz auf die Hand geben und das Fell streicheln.
4. Nahrungsergänzungen: Wolfsbeerensaft, Omega-3, Grüne Spirulina Algen, Weihrauch, Zitrusöle

Diese Öle wurden verwendet:

- Beruhigende Ölmischung: Chamaemelum nobile, Citrus reticulata, Citrus sinensis, Pogostemon cablin, Cananga odorata

Knochen: Lavendel und Pfefferminze retten einem verletzten Hund den Tag

Bei einem Familiengrillfest spielte Gittis kleiner Hund Safir ausgelassen mit den Kindern. Als sie die Treppen hinauf und hinunter liefen, verletzte er seinen Lauf. Er schrie auf und konnte kein Gewicht mehr auf das Hinterbein legen. Gitti brachte den Hund zum Tierarzt, der feststellte, dass nichts gebrochen war. „Das muss eine Prellung sein", beruhigte er sie. Also packte sie den kleinen Hund in die Tragetasche und kehrte zur Party zurück.

Eine Freundin erzählte Gitti von der Wirkung ihrer ätherischen Öle auf ihr Haustier. „Gib doch einen Tropfen **Lavendel** und einen Tropfen **Pfefferminze** auf das Gelenk." Sie öffnete ein Fläschchen, das sie in ihrer Handtasche dabei hatte, und reichte es Gitti. Die rieb ganz vorsichtig ein wenig davon auf seinen Hinterlauf und setzte ihn dann behutsam wieder in seine Tragetasche.

Innerhalb kürzester Zeit schlief Safir ein. Gitti schaute besorgt: „Sag mal, was ist los. Er ist sofort eingeschlafen?", fragte sie die Freundin. „Ach, mache dir keine Sorgen. Das ist ein Zeichen für Beruhigung. Der Körper braucht Ruhe, um sich selbst zu heilen." Nach einer Stunde wachte Safir auf. Er musste seine Verletzung ganz vergessen haben, denn er lief wieder vergnügt hinter den Kindern her, als wäre nichts geschehen. Aber ein wenig hinkte er schon. Nach einigen Anwendungen von Lavendel und Pfefferminze auf sein Gelenk war Safir wieder ganz der Alte.

TIPP ZUR ANWENDUNG

Welche ätherischen Öle man bei einer Beinverletzung dabei haben sollte:

1. Ätherische Öle: Fichte, Lavendel, Pfefferminze, Wintergrün, Zitronengras, Ölmischung gegen Schmerzen aus Balsamtanne, Immortelle, Oregano und Pfefferminze
2. Anwendung: 1 Tropfen ätherisches Öl, z.B. Lavendel und Pfefferminze, ins Genick, auf Pfote und Läufe reiben.

Welche ätherischen Öle man für eine Knochenverletzung/Knochenbruch nimmt:

3. Ätherische Öle: Balsamtanne, Immortelle, Palo Santo, Wintergrün, Ölmischung gegen Schmerzen aus Balsamtanne, Immortelle, Oregano und Pfefferminze
4. Anwendung: Ein paar Tropfen verdünnt auf die Stelle auftragen; rund um den Verband reiben.

Diese Öle wurden verwendet: Lavandula angustifolia, Mentha piperita

Reisekrankheit: Lumpi und sein Ingweröl

„Armer Lumpi", beugte sich Elisabeth über den kleinen Papillon, der während der längeren Autofahrt am Rücksitz in seinem Tragekorb ausgeharrt und seinen Korb vollgespuckt hatte. Sie putzte das Tier, das sich übergeben hatte, dann wischte sie den Korb aus und erneuerte die Tücher. „Ich bin ohnehin fünfmal mit dir stehen geblieben, damit du auslaufen kannst", schaute sie ihn besorgt an. Sie war aber auch etwas genervt, denn sie hatte nur noch eine kurze Wegstrecke vor sich, und jetzt roch der Wagen übel.

Als sie mir später davon berichtete, erzählte ich ihr von meinem Onkel Helmut, der mit seinem Hund dasselbe Problem hatte. „Helmut hatte gelesen, dass **Ingwer** bei Reiseübelkeit helfen soll. So probierte er es einmal bei seiner kleinen Tochter aus, die einen sehr empfindlichen Magen hatte und bei jeder Autofahrt ein paar Mal aussteigen musste. Es funktionierte wunderbar. 'Das probiere ich auch bei meinem Hund aus', sagte er sich und gab einen Tropfen Ingweröl auf das Handtuch im Hundetragekorb. Und es half!" „Wirklich?", wunderte sich Elisabeth. „So einfach geht das?"

„Ja", sagte ich. „Ingwer ist bekannt für seine verdauungsfördernde Wirkung. Dein Hund Lumpi muss wohl einen sensiblen Magen haben", und ich fügte hinzu: „Wenn du das nächste Mal mit Lumpi Auto fährst, dann mache es wie mein Onkel Helmut. Gib 1-2 Tropfen Ingweröl auf die Tücher in Lumpis Korb, und du wirst ab jetzt nur noch schöne Autofahrten mit Lumpi erleben." Ich riet Elisabeth auch: „Wenn es in deinem Auto immer noch 'stinkt', dann nimm ein Sprühfläschchen mit einer *Antimikrobiellen Ölmischung*, um die Luft zu erfrischen und die Geruchsbakterien abzutöten. Oder gib 1 Tropfen von der *Antibakteriellen Ölmischung* auf ein unparfümiertes Papiertaschentuch und stecke es in die Autolüftung!"

TIPP ZUR ANWENDUNG
Wie Ingweröl Übelkeit beim Autofahren erleichtert:

1. Ätherische Öle Ingwer, Pfefferminze, Ölmischung für die Verdauung helfen bei Reisekrankheit und Übelkeit.
2. Im Tragekorb: 1 Tropfen auf das Handtuch tropfen.
3. Einreiben: 1 Tropfen auf die Magengegend reiben.
4. Geruchsbekämpfung: Antimikrobielle Ölmischung aus Eucalyptus radiata, Nelke, Rosmarin, Zimt, Zitrone u.a. Antibakterielle Ölmischung aus Melaleuca alternifolia, Rosmarin, Zitronella u.a. sprühen oder 1 Tropfen auf ein unparfümiertes Papiertaschentuch in den Lüftungsschlitz stecken. (Ätherische Öle maskieren den Geruch nicht, sie neutralisieren ihn, indem sie die Bakterien abtöten, die den Geruch produzieren.)

Ruhe und Gelassenheit: Wie man sein Haustier in jeder Lebenslage schnell und gründlich beruhigt (Beruhigende Ölmischung)

Gina hatte einen 'nervösen' Hund, der sich oft ohne Grund mächtig aufregen konnte. Sie erzählte mir: „Als wir letztens nach Italien auf Urlaub fuhren, war natürlich auch unser Hund Fippo dabei. Aber er konnte und wollte sich auf der Autofahrt einfach nicht beruhigen. Er war überall auf den Rücksitzen unseres Vans und bellte aufgeregt alle vorbeifahrenden Autos an."

„Macht er das immer noch oder war das nur beim Autofahren in Italien so?", fragte ich interessiert. „Sobald der Nachbar mit seinem Rasenmäher herauskommt, springt und bellt er ihn an."

Ich rieb dem Hund auf Ballen und Pfoten einen Tropfen von einer ***Beruhigenden Ölmischung***, z.B. aus Kamille, Mandarine, Orange, Patschuli und Ylang Ylang. Der Duft des Öls stieg in seine Nase, und Fippo wurde zusehends ruhig wie ein Lämmchen. Ich riet Gina, diese Behandlung ein paar Mal fortzusetzen. Nach einigen Tagen rief sie mich an und sagte: „Ich wollte mich bei dir bedanken, denn Fippo ist wieder herrlich ruhig und ausgeglichen, und auch von meinem Nachbarn soll ich dich lieb grüßen lassen, denn er kann wieder in Ruhe Rasen mähen."

„Aber eine Frage habe ich noch", fügte Gina hinzu. „Sag mal, kann ich dieses Öl an meinen beiden Söhnen vielleicht auch anwenden, die immer das Wohnzimmer auseinander nehmen?" „Aber klar", lachte ich. „Benutze den Aroma-Diffuser und gib ein paar Tropfen der *Beruhigenden Ölmischung* hinein und verneble den Duft ins Wohnzimmer. Du wirst sehen, was mit deinen Söhnen passiert!"

TIPP ZUR ANWENDUNG

Wie ätherische Öle dein Haustier glücklich und zufrieden werden lassen:

1. Ätherische Öle Lavendel, Kamille, Mandarine, Orange, Patschuli, Ylang Ylang beruhigen.
2. Anwendung: 1 Tropfen Öl auf Pfoten (Ballen) reiben. Bei empfindlichen Tieren nimmt man 1 Tropfen in die Hand, verreibt das Öl und streichelt das Tier.
3. Vernebeln mit dem Aroma-Diffuser: In einem auf Wasser basierenden Aroma-Diffuser 3 Tropfen Öl geben und vernebeln.

Diese Öle wurden verwendet:

- Beruhigende Ölmischung: Chamaemelum nobile, Citrus reticulata, Citrus sinensis, Pogostemon cablin, Cananga odorata

Stress: Der gerupfte Kakadu und das Lavendelöl

Muriel war ein wunderschöner, weiß gefiederter Molukken-Kakadu. Wenn er seine aufgestellte Haube zeigte, war der Schopf darunter leuchtend rot. Die Unterseite seiner Schwanzfedern zeigten einen goldenen Schimmer. „Er ist ein Prachtvogel!", hatte meine Freundin Maja mir immer vorgeschwärmt. Heute sollte ich ihn einmal persönlich kennenlernen, denn Maja war in meine Nähe gezogen. Sie wollte mir ihre neue Wohnung und das neue Zuhause ihres gefiederten Lieblings vorstellen.

„Erschreck dich nicht", warnte meine Freundin mich, als wir Muriels Reich betraten. Groß saß er auf seinem Hochsitz und schaute irritiert auf uns herab. Er wäre ein Prachtkerl gewesen, hätte er nicht so ein eigenartig zerrupftes Federkleid gehabt. Etwas schien mit ihm nicht in Ordnung zu sein. Bei näherem Hinsehen bemerkte ich, dass schöne weiße Federn am Boden verstreut lagen. Maja bemerkte mein betretenes Schweigen und beeilte sich zu erklären: „Du weißt ja, wir sind umgezogen, und die Hektik und der Stress haben ihm stark zugesetzt. Seitdem ich begonnen habe, die Umzugskartons zu packen, ist er wie aus dem Häuschen. Er pfeift schrill und hüpft aufgeregt auf und ab, und eines der wenigen Wörter, die Muriel immer wieder ausstößt, ist: Not fair, not fair!"

Ich lachte auf. Es ist ja wirklich nicht fair, einen Kakadu aus seinem geliebten Umfeld einfach auf einen anderen Planeten zu versetzen und zu glauben, er merke es nicht. Sicher hatte meine Freundin durch den Stress des Umzugs nicht viel Zeit gefunden, ihre Spiel- und Plauderstunden mit Muriel einzuhalten. Er musste sich schrecklich verlassen und unsicher fühlen. Molukken-Kakadus leben gewöhnlich paarweise und die treue Bindung zum Partner hält ein Leben lang. In Ermangelung eines Weibchens hatte Muriel eine enge Beziehung zu Maja aufgebaut. Ich fühlte seine Unsicherheit in diesem Wirrwarr von Umzugsboxen, ungewohntem Lärm und unnatürlicher Hektik.

„Dein Vogel steht unter Stress", folgerte ich. Während der ganzen Zeit pickte und zupfte Muriel an seinem weißen Federkleid. „Man könnte meinen, er protestierte. Natürlich protestieren Tiere nicht. Sie können nicht vorsetzlich böse sein. Diese Fähigkeit ist nur uns, dem Homo sapiens, vorbehalten. Dein Vogel hat aber keine andere Ausdrucksweise, um seinen Stress und seine Unsicherheit zu zeigen, als sein eigenes schönes Federkleid zu zerstören. Auf diese Weise will er dich auf seine Not aufmerksam machen."

Maja schaute mich fragend an. Sie wusste, dass ich allerlei natürliche Mittel verwendete, die bei Menschen und Tieren großartige Veränderungen hervorbringen. „Zuerst solltest du für eine beruhigende Atmosphäre sorgen. Vernebele mit einem Aroma-Diffuser ein sanftes ätherisches Öl wie **Lavendel, Weihrauch, Kamille** oder **Baldrian**. Ganz besonders wichtig für Vögel, die ihre Federn auszupfen, sind aber auch **Nahrungsergän-**

zungen. Man beginnt mit ganz wenig über die Mahlzeiten verteilt und steigert die Menge langsam. Ich bringe dir morgen alles, was du brauchst, um Muriel wieder glücklich zu machen."

Ich ging heim und stellte alles zusammen, was ich Maja bringen wollte. Ich nahm Nahrungsergänzungen: Grüne Spirulina Algen, Wolfsbeerensaft, Omega-3, Sulfur-MSM. Dann packte ich einen Aroma-Diffuser und die Öle ein. Ich stand vor diesem Paket und dachte mir: „Ach, wieso morgen? Ich gehe gleich hinüber." Ich konnte es kaum erwarten, den armen Vogel, der sich die Federn rupfte, wieder glücklich zu sehen. Maja war überrascht und erfreut, mich wiederzusehen.

„Also zuerst vernebelst du ein ätherisches Öl: Lavendel oder Weihrauch, welches hast du lieber?", fragte ich. Sie entschied sich für **Lavendel**. Ich tropfte drei Tropfen Lavendel in den mit Wasser gefüllten Aroma-Diffuser, den wir in einiger Entfernung von Muriel aufstellten und einschalteten. „Dieser beruhigende Duft wird die Emotionen deines Lieblings glätten", versprach ich. Dann gingen wir in die Küche, und ich zeigte ihr das grüne Spirulina Präparat, das ich ihr mitgebracht hatte: „Du öffnest die Kapsel und gibst den Inhalt in ein kleines Schälchen. Davon nimmst du eine Prise und streust ganz wenig von dem grünen

Pulver über seine Mahlzeit. Das machst du jedes Mal, wenn er frisst." Maja nickte und schrieb sich die Anregungen auf.

„Was du noch machen kannst, ist, dir mehr Zeit für Muriel zu nehmen. Er braucht jetzt deine Zuwendung ganz besonders. Zeige ihm, dass er nicht alleine und vergessen ist." Dann fügte ich hinzu: „Gestalte sein neues Zuhause so, wie er es von früher her gewohnt war. Gib ihm ein heimatliches Gefühl. Der Duft des Öls wird ihm zusätzlich Ruhe und Sicherheit geben." Zum Abschied warf ich noch einen Blick in Muriels Zimmer. Da saß der stolze Kakadu friedlich in einem Eck und döste vor sich hin. In meinem Herzen wusste ich: „Das wird schon wieder mit Muriel."

TIPP ZUR ANWENDUNG

Wenn Vögel ihre Federn auszupfen:

1. Ätherische Öle zum Abbauen von Stress und zur Beruhigung der Nerven sind u.a. Baldrian, Kamille, Lavendel, Weihrauch und Zitrusöle.
2. Anwendung: Man vernebelt öfters am Tag etwa 3 Tropfen in Wasser für kurze Zeit (etwa je 15 Minuten).
3. Nahrungsergänzungen: Grüne Spirulina Algen, Wolfsbeerensaft, Omega-3, Sulfur-MSM (eine Prise über das Futter streuen; mit ganz wenig beginnen und langsam steigern).
4. Ursache klären: Eine professionelle Diagnose und Ursachenforschung ist wichtig. Liegt eine bakterielle Infektion vor, dann sind antibakterielle Öle wie die Antibakterielle Ölmischung aus Melaleuca alternifolia, Rosmarin, Zitronella u.a. angezeigt; bei Herzkrankheit nimmt man Öle, die das Herz unterstützen (u.a. Basilikum, Lavendel, Majoran, Salbei, Thymian, Zitrone oder Zitronengras).

Diese Öle wurden verwendet: Valeriana officinalis, Chamaemelum nobile, Lavandula angustifolia, Boswellia carteri u.a.

Die Aroma-Hausapotheke für Tiere 2

Die Grundregeln für die sichere Anwendung in diesem Kapitel sollten unbedingt beachtet werden, bevor man Öle an seinem Haustier anwendet.

Ätherische Öle machen gesund und glücklich, aber nur dann, wenn man nach therapeutischem Standard hergestellte ätherische Öle verwendet. Nur diesen wohnen die natürlichen Heilkräfte der Pflanze auch tatsächlich inne. Solche Öle enthalten möglichst alle lebendigen chemischen Bestandteile – Heilkräfte der Pflanze – im Ölfläschchen, die auch zuvor in der lebenden Pflanze vorhanden waren. Im Labor hergestellte Öle können diesem Anspruch nicht gerecht werden. Heute sind weltweit nur **2%** aller ätherischen Öle nach therapeutischem Standard hergestellt. Bevor man mit der Anwendung beginnt oder sich nicht sicher ist, ob das Öl, das man verwenden will, ein hochwirksames Öl ist, das nach therapeutischem Standard hergestellt ist, sollte professioneller Rat eingeholt werden.

- **Zitronengras** ist ein ätherisches Öl, das Insekten auf ganz natürliche Art und Weise vertreibt, ohne dass man seinem Hund oder seiner Katze ein chemisch getränktes Flohhalsband umlegen muss, das zu Blindheit führen kann! Die genaue Anleitung zu diesem wie zu anderen Rezepten folgt.
- **Rosmarin und Pfefferminze** helfen bei juckender Haut (ganz ohne Kortisonsalbe) sowie bei der natürlichen Beseitigung von Parasiten. Die Ölmischung für die Verdauung wird erfolgreich gegen Würmer eingesetzt.
- **Lavendel und Majoran** sind Öle zur natürlichen Linderung von Muskelkrämpfen und Verspannungen. Sie werden besonders von Pferde- und Hundebesitzern geschätzt, deren Tiere für sportliche Höchstleistungen trainieren.
- **Lavendel und Baldrian** sind die Erste-Hilfe bei Stress, Unruhe, Angst und Lärm! Nichts besänftigt die Nerven so begütigend und nachhaltig wie Düfte von hochwirksamen ätherischen Ölen.

Die folgende Liste enthält wertvolle Öle und Ölmischungen, die man griffbereit in seiner Aroma-Hausapotheke für Tiere (und Menschen) haben sollte, wenn es um den Schutz vor Bakterien und Viren geht oder Atemnot herrscht, wenn ein Tier traumatisiert ist und unter Stress steht, oder wenn einmal die Verdauung nicht so optimal funktioniert. Man verwendet einzelne Öle aus dieser Liste oder eine Ölmischung. Wenn für eine Ölmischung einmal ein oder mehrere Einzelöle nicht zur Hand wären, dann verwendet man eben das, was man zu Hause hat. Wichtig ist nur, dass das Haustier diese Hilfen der Natur bekommt, die es benötigt, denn die Öle sind intelligent. Sie wissen, was dem Tier fehlt, und gehen gleich an die Arbeit, um zu helfen.

Damit man nicht fünfzig einzelne Ölfläschchen herumstehen hat und immer nach dem richtigen Öl suchen muss, haben sich einige wenige, immer wieder verwendete Ölmischungen in der Tierpflegepraxis sehr bewährt. Benötigt man zum Beispiel die richtigen Öle für die Verdauung, könnte man acht Öle (Anis, Estragon, Fenchel, Ingwer, Patschuli, Pfefferminze, Wacholder, Zitronengras) hintereinander verwenden oder eben nur ein Fläschen mit einer vorgefertigten *Ölmischung für die Verdauung* zur Hand nehmen, die alle verdauungsfördernden ätherischen Öle beinhaltet. Ölmischungen sind also besonders wertvoll in Notfällen, wo rasch gehandelt werden soll.

Diese Öle sollte man immer zur Hand haben

Ätherische Öle und Ölmischungen für die Hausapotheke		
REINIGUNG – DESINFEKTION	Antibakterielle Ölmischung – „Das alternative Tetanusmittel"	Melaleuca alternifolia, Rosmarin (Rosmarinus officinalis), Zitronella (Cymbopogon nardus)
RUNDUMSCHUTZ	Antimikrobielle Ölmischung – „Stärker als die Pest"	Eucalyptus radiata, Gewürznelke (Syzygium aromaticum), Rosmarin (Rosmarinus officinalis), Zimt (Cinnamomum verum), Zitrone (Citrus limon)
INFEKTION	Antiseptische Ölmischung	Lavendel (Lavandula angustifolia), Melaleuca alternifolia, Melaleuca quinquenervia, Rosmarin (Rosmarinus officinalis)
RUHE UND FRIEDEN	Beruhigende Ölmischung	Römische Kamille (Chamaemelum nobile), Mandarine (Citrus reticulata), Orange (Citrus sinensis), Patschuli (Pogostemon cablin), Ylang Ylang (Cananga odorata)
WUNDE	Das Öl für die Haut	Lavendel (Lavandula angustifolia)
ENTZÜNDUNG	Der milde, starke Entzündungshemmer	Copaiba (Copaifera reticulata)
SCHMERZ	Ölmischung gegen Schmerzen – Das „Notfallöl"	Balsamtanne (Abies balsamea), Immortelle (Helichrysum italicum), Oregano (Origanum vulgare), Pfefferminze (Mentha piperita)
KNOCHEN	Ölmischung für die Knochen – „Der Osteopath in der Flasche"	Balsamtanne (Abies balsamea), Lavendel (Lavandula angustifolia), Römische Kamille (Chamaemelum nobile), Mandarine (Citrus reticulata), Weihrauch (Boswellia carteri), Zistrose (Cistus ladanifer)
VERDAUUNG	Ölmischung für die Verdauung	Anis (Pimpinella anisum), Estragon (Artemisia dracunculus), Fenchel (Foeniculum vulgare), Ingwer (Zingiber officinale), Patschuli (Pogostemon cablin), Pfefferminze (Mentha piperita), Wacholder (Juniperus osteosperma), Zitronengras (Cymbopogon flexuosus)
ATMUNG	Ölmischung für die Atmung	Eukalyptus (Eucalyptus radiata), Kiefer (Pinus sylvestris), Myrte (Myrtus communis), Pfefferminze (Mentha piperita), Ravensara (Ravensara aromatica), Zypresse (Cupressus sempervirens)
TRAUMA	Trauma Ölmischung	Fichte (Picea mariana), Lavendel (Lavandula angustifolia), Limette (Citrus latifolia), Rose (Rosa damascena), Weihrauch (Boswellia carteri), Zedernholz (Cedrus atlantica)

Quelle: Essential Oils Integrative Medical Guide

Grundregeln für die sichere Anwendung

Verdünnung: Man beginnt langsam und schrittweise damit, ein Haustier an die ätherischen Öle heranzuführen. Ein reines Pflanzenöl (z.B. ein neutrales Massageöl oder Olivenöl aus der Küche) sollte immer, bei jeder Anwendung, griffbereit sein.

Beobachtung: Sollte das Tier unruhig werden, zeigt es Unwohlsein. Man beobachtet die Reaktion des Tieres auf die ätherischen Öle ganz genau, um rasche Korrekturen vorzunehmen. Ist der Geruch zu stark oder eine Hautstelle durch die Anwendung eines ätherischen Öls gerötet, verdünnt man in jedem Fall sofort mit reinem Pflanzenöl, man trägt also reichlich reines Pflanzenöl (z.B. Olivenöl) über das ätherische Öl auf, um es zu verdünnen.

Achtung Augen: Bei der Anwendung von ätherischen Ölen achtet man ganz besonders darauf, dass sie nicht in die Augen oder auf andere empfindliche Hautstellen gelangen, denn sie brennen und müssen dann mit einem reinen Pflanzenöl gespült werden. Ätherische Öle werden auch nicht in die Ohren gegeben, sondern es wird nur das Außenohr behandelt.

Vermeidung: Ätherische Öle, die reich an Phenolen wie Oregano oder Thymian sind, sollten für Tiere, besonders für Katzen, nicht oder nur in starker Verdünnung verwendet werden. Auch mögen Katzen gewöhnlich keine Zitrusöle. Man sollte besonders umsichtig mit ätherischen Ölen bei Katzen sein. Achtung: Synthetisches und minderwertiges Melaleuca Öl (Teebaumöl) kann für Katzen toxisch und tödlich sein! Ätherische Öle werden nicht an tragenden Tieren angewendet.

Sicherheitsregeln in der Tierpflege mit ätherischen Ölen	
1.	Grundsätzlich verwendet man keine Öle an Tieren, ohne sich vollkommen sicher zu sein, dass man reine, nach therapeutischem Standard hergestellte ätherische Öle zur Verfügung hat. Synthetische Öle können Haustiere töten. (Synthetisches Teebaumöl-Melaleuca kann für Katzen tödlich sein).
2.	Für Katzen und kleine Hunde genügt ein „Hauch" eines ätherischen Öls, weil sie sehr empfindlich sind und auf das Öl sofort ansprechen. Für Katzen, Hunde und alle kleinen Tiere gilt es, jedes ätherische Öl extrem stark zu verdünnen. Wenn man nach dieser Regel vorgeht, ist man auf der sicheren Seite.
3.	Ein (1) einziger Tropfen Pfefferminzöl ist so viel wie 21 Pfefferminzteebeutel. Der gesunde Hausverstand sagt schon, dass 1 Tropfen = 21 Teebeutel für ein Kätzchen viel zu viel ist. Aus diesem Grund werden ätherische Öle für kleine Tiere extrem stark verdünnt und in die Aura oder das Fell eingestreichelt.
4.	Ätherische Öle werden je nach Tierart und Größe spezifisch eingesetzt. Pflanzenfresser lieben ätherische Öle pur, denn sie sind durch ihr Futter daran gewöhnt. Fleischfresser hingegen bevorzugen ätherische Öle wie eine milde Würze, also stark verdünnt. Es kommt auch auf die Vorlieben unserer kleinen Individualisten an. Wer ein Öl nicht mag, der bekommt es auch nicht. Wir respektieren ihre Wahl.
5.	Ätherische Öle werden nicht an tragenden Tieren angewendet.

Dosierung, Anwendung, Sicherheitsbedenken

Die Dosierung:

Die Größe des Tieres bestimmt die Menge des ätherischen Öls, das man verabreicht. Außerdem sollte man zur Eingewöhnung mit extrem verdünnten Ölen arbeiten, die gerade einmal einen **Dufthauch** in unserer Nase erahnen lassen. Vergessen wir nicht: Für das Tier riecht unsere Duftmischung vierzig Mal stärker! Haben sich unsere Haustiere einmal an ein Öl gewöhnt, kann man zur regulären Anwendung mit den folgenden Dosierungsvorschlägen arbeiten.

- Für **kleinere Tiere** wie Katzen und kleine Hunde nimmt man 1 Tropfen und verdünnt das ätherische Öl zu 90% oder mehr mit einem reinen Pflanzenöl (wie Kokosöl, Sonnenblumenöl, Olivenöl u.a.). Davon gibt man anfänglich ¼ Tropfen bis ½ Tropfen mittels der Zahnstochermethode* in das Essen, wo angezeigt, um das Tier langsam an den Geschmack zu gewöhnen. (*Man taucht einen Zahnstocher in die Ölmischung ein und rührt damit eine ganz geringe Menge des Öls in das Futter ein.) Oder man nimmt 1 Tropfen in die Hand, verreibt gründlich, lässt das Tier herankommen und streichelt es schließlich, wenn es sich mit dem Duft an unserer Hand wohlfühlt.

- Für **größere Tiere** (etwa größere Hunde) beginnt man mit 3 Tropfen und verdünnt zu 90% oder mehr mit reinem Pflanzenöl. Die langsame Vorgehensweise (¼ Tropfen) in der Eingewöhnungsphase wird auch hier eingehalten, und man geht wieder mit der Zahnstochermethode vor. Man vermeidet die heißen Öle wie Zimt, Cassia oder Oregano anfangs und verdünnt sie später extrem stark. Auch bei **Hasen** sind starke Öle zu meiden.

- Bei **Geflügel** hingegen werden die antibakteriellen und antiviralen Öle Oregano und Zimt als **natürliche Antibiotika** in geeigneter Verdünnung unter das Futter gemischt. Truthahn- und Hühnerfarmen, die ätherische Öle einsetzen, kommen ganz ohne herkömmliche Antibiotika aus.
  Die *Deutsche Einstreu* ist eine neue, höchst effektive und umweltschonende Methode der Firma VZR Verfahrenszentrum Reichstädt GmbH (www.deutsche-einstreu.de), die anstatt von Stroh duftende **Kieferpellets** in die Ställe einstreut. Sie werden für **Hasen-, Pferde-, Kuh- oder Geflügelställe** verwendet. Dadurch machen die Biobauern sich die Kraft ätherischer Öle auf einfache Art und Weise zunutze. Ihre Ställe duften herrlich, und die kleinen Küken sowie Hasen, Fohlen und Kälber wachsen nachweislich kräftiger und krankheitsresistent auf. Nahrungsmittel aus einer solchen biologischen Landwirtschaft haben für den Endverbraucher einen unschätzbaren Wert.

  Gesundheitsorganisationen warnen schon seit Jahren, dass die präventive Mikrofütterung von **Antibiotika** noch um ein Vielfaches schädlicher ist als eine normale Dosis. Tier und Mensch werden gegen Antibiotika resistent, was schließlich eine Pandemie – eine weltweite Epidemie – auslöst. Dann werden lebensrettende antimikrobielle ätherische Öle aus der Natur gefragt sein, denn diese kommen schon seit Jahrmillionen ihrer Arbeit als antivirale, antibakterielle und antifungale Hilfen der Natur nach und werden es auch weiterhin tun.

- **Vögel** sind besonders anfällig für **Haushaltsgifte**. Das Kochen mit beschichteten Pfannen kann für einen Vogel tödlich sein. Air Freshener und parfümiertes Kerzenlicht sind gefährlich für unsere gefiederten Freunde. Ätherische Öle wurden anfänglich als giftig für Vögel angesehen, weil die Mehrzahl der Öle am Weltmarkt verfälscht oder 100% synthetisch und dadurch für den Organismus giftig sind. Dr. Melissa Shelton bestätigt aber, dass Vögel von reinen ätherischen Ölen sehr profitieren können. Sie erklärt jedoch auch, dass die Forschung zur Anwendung hochwirksamer ätherischer Öle bei Vögeln noch in den Kinderschuhen steckt und mit Vorsicht und Umsicht damit umgegangen werden muss.

- Für große Tiere wie Pferde und Kühe beginnt man mit 10 Tropfen und verdünnt zu 80-90% mit reinem Pflanzenöl. Auch hier gewöhnt man die Tiere zuerst an den Duft, bevor man damit zu arbeiten beginnt. Einmal an ätherische Öle gewöhnt, vertragen **Pferde, Rinder, Lamas, Alpakas, Schafe und Ziegen** ätherische Öle äußerlich aufgetragen, indem man das Öl auf den Rücken reibt. Sollte eine Irritation auftreten, sofort mit reinem Pflanzenöl stärker verdünnen.

Man fängt also langsam an und kann die Menge steigern, wenn der erwünschte Erfolg auf sich warten lässt. Anstatt jedoch die Tropfenanzahl des ätherischen Öls sofort zu erhöhen, verabreicht man dem Tier seine Ration lieber einmal mehr am Tag. Tiere mit ihrem ausgeprägten Geruchssinn sprechen auf ätherische Öle unmittelbar an, und Erfolge stellen sich mitunter sehr rasch ein.

Mengenangaben nach Dr. Melissa Shelton		
Wasser		
Tierart	Menge des ätherischen Öls	Vorschlag
Vögel	1 Tropfen in 1 Liter Wasser	Z.B. Melisse: antiviral, entzündunghemmend
Hühner	1 Tropfen in 1 Liter Wasser	Antibakterielle Ölmischung: antibakteriell
Katzen	Zahnstochermethode	Katzen verweigern möglicherweise das Wasser
Hunde	1 Tropfen in 1 Liter Wasser	Pfefferminze, Zitrusöle, Melisse
Pferde und Kühe	3-5 Tropfen oder mehr in 200 Liter Wasser	Pfefferminze, Zitrone (Hartplastiktröge verwenden)

Futter		
Tierart	Menge des ätherischen Öls	Vorschlag
Vögel	Zahnstochermethode	In ihr Lieblingsessen
Frettchen	Zahnstochermethode	In ihr Lieblingsessen
Katzen	Zahnstochermethode	Ins Futter, nicht beliebt
Hunde	Zahnstocher, ansteigend	In Nassfutter gemischt
Pferde	Lieben ätherische Öle	In Futter
Rinder u.a.	Lieben ätherische Öle	In Futter

Die richtige Dosierung:

Beginne mit einer geringen Menge und bewerte den Erfolg:

- Gibt es eine Resonanz, eine Reaktion?
- Wie lange hält der Erfolg an?
- Gibt es eine Entgiftungserscheinung?
- Wie lange fühlt sich das Tier mit der Behandlung wohl?

Wie viel Öl soll ich verwenden?

- Beginne mit wenig und bewerte den Erfolg.
- Gibt man zu wenig Öl, sieht man keinen Erfolg.
- Gibt man zu viel Öl, kann es zu Entgiftungserscheinungen kommen (z.B. Durchfall).
- Je nachdem passt man die Ölmenge der Reaktion des jeweiligen Tieres an.

Ein Tier sollte das ätherische Öl niemals als unangenehm empfinden!

Dr. Shelton empfiehlt: Man beginnt anfänglich mit einem ätherischen Öl oder einer Nahrungsergänzung bei niedriger Dosierung und wartet zwei bis drei Tage, bevor man die Menge erhöht. Das Tier zeigt uns oft anschaulich, in welchen Intervallen es beispielsweise eine Ölmassage braucht. Wenn es sich drei Tage lang wohlfühlt und am vierten Tag wieder zu kratzen beginnt, dann wird man ihm alle vier Tage eine Massage geben.

Man sollte ein Tier nicht mit zu vielen verschiedenen Ölen oder Nahrungsergänzungen auf einmal überrollen.

Die Anwendung:

Da Tiere gute Nasen haben, ist besondere Sorgfalt geboten, um ihnen eine positive erste Erfahrung zu vermitteln. Ist die Bekanntschaft mit einem gewissen Öl für das Tier stressvoll gewesen und das Aroma mit einer negativen Erfahrung besetzt, wird der Duft fortan immer abgelehnt. Wenn Tiere sehr krank waren und während der Krankheit mit einem bestimmten Öl unterstützt wurden, kann es sein, dass sie dieses Öl in der Zellerinnerung mit Krankheit assoziiert und gespeichert haben und es später meiden.

Man kann ein geschlossenes Ölfläschchen auf den Boden stellen und dem Haustier die Gelegenheit geben, damit Bekanntschaft zu machen. (Nicht ohne Aufsicht!) Es kommt nicht selten vor, dass ein Tier sich mit einem Duft in seinem eigenen Tempo, ganz ohne

Stress und Nötigung, anfreundet. Dann reibt es sein Köpfchen am geschlossenen Ölfläschchen und wälzt sich daran. Das ist für uns ein eindeutiges Zeichen dafür, das richtige Öl gefunden zu haben. Pferde sind sehr klug und suchen sich ihre jeweilige Duftnote gerne selber aus, wenn man ihnen eine Auswahl anbietet.

Es gibt drei Arten der Anwendung.

Über das Einatmen:

Man vernebelt ein wenig Öl mittels eines auf Wasser basierenden Aroma-Diffusers in die Atmosphäre und gewöhnt das Haustier langsam an den Duft. Dabei vernebelt man öfters täglich nicht mehr als drei Tropfen, jeweils etwa fünfzehn Minuten lang.

Tiere lieben ihre Besitzer, die für sie das „Alphatier" verkörpern, dem man folgt, um im „Rudel" gut integriert zu sein. Ätherische Öle spielen dabei eine entscheidende Rolle, denn sie sprechen das Gemüt an und können das Band zwischen beiden stärken und vertiefen. Das duftende Öl kann auch beim Hundetraining als Anker dienen, um die erwünschten Verhaltensweisen im Tier zu festigen und zu konditionieren.

Über die Haut:

- Für Katzen und Hunde ist der Rücken die geeignete Stelle, um stark verdünnte ätherische Öle aufzutragen, denn dort kommen sie mit ihrer Zunge nicht hin. Man kann es auch auf die Pfötchen reiben, natürlich extrem stark verdünnt, denn Kätzchen lecken ihre Pfötchen. Weil aber unsere Haustiere gewöhnlich auf chemisch gereinigten Böden laufen und ihr System mit Giften beladen ist, kommt es vor, dass beim Auftragen ätherischer Öle auf die Pfoten Reinigungsprozesse im Tier in Gang gesetzt werden. Daher genügt zu Beginn oft schon das bloße Streicheln, Massieren und Rückenkraulen mit unseren duftenden Händen.
- Bei Huftieren eignen sich für eine Anwendung der Rücken und die Flanken.
- Vögel lieben einen sanften Sprühregen auf ihr Gefieder.

Streicheln: Das ätherische Öl wird gründlich in die Hände eingerieben. Mit der wohlriechenden Hand streichelt oder krault man das Fell des Tieres. Manche Tiere sind von dem Duft so fasziniert, dass sie die Hände ganz wild ablecken.

Massieren: Man verdünnt das Öl mit einem reinen Pflanzenöl und massiert es ein. Je dünner und kürzer die Fellhaare sind, desto stärker muss das ätherische Öl verdünnt werden, um eine Hautirritation zu vermeiden.

Einsprühen: Mit einer Sprühflasche mit Wasser und ein paar Tropfen eines ätherischen Öls kann man das Öl auf das Fell bringen. Wenn die Verwendung einer Sprühflasche für das Tier zu stressvoll ist, sprüht man das Wasser in seine Hand und reibt es so in das Fell.

Eincremen: Um das ätherische Öl lokal zu versiegeln, reibt man eine Salbe über die mit ätherischen Ölen behandelte Stelle. Man reibt zum Beispiel bei Arthritis die Stelle mit einem ätherischen Öl ein, etwa der *Ölmischung gegen Schmerzen*, und trägt darüber eine Creme auf, um die Wirkung der Einreibung zu versiegeln und zu vertiefen. Ein Aloe Vera Gel statt der Creme ist auch beliebt, denn es zieht in die Haut ein und hinterlässt keine fettigen Hautpartien.

Über Nahrungsergänzungen:

Zur Unterstützung der Gesundheit sind Nahrungsergänzungen, die man in ganz geringen Mengen wie Salz über das Futter streut oder untermischt, sehr hilfreich. Einen Sprühstoß über das Futter gesprüht – entweder mit der Öl- oder Wassersprühflasche – lässt Tiere die wichtigen Nährstoffe problemlos aufnehmen. Man kann das ätherische Öl als Nahrungsergänzung stark verdünnt in das Trinkwasser geben, sollte aber immer auch ein zweites Gefäß mit reinem Wasser bereitstellen. Manche Hunde fressen eine mit ätherischen Ölen und Pflanzenöl stark verdünnte Kapsel mit dem Futter mit. Man kann auch ein wenig Nassfutter mit einer stark verdünnten Ölmischung in eine Spritze aufziehen und dem Tier verabreichen. Große Tiere wie Pferde lieben es, Öle direkt ins Maul zu bekommen, indem man die Unterlippe vorzieht und die Ölmischung hineintropft.

- Ätherische Öle in Olivenöl oder Hydrolat/Wasser über das Futter sprühen oder in das Trinkwasser geben (immer auch ein zweites Gefäß mit reinem Wasser bereitstellen).
- Sie können in Wasser verdünnt getrunken werden. Durchschnittlich trinken Hunde 1 Tropfen ätherisches Öl in 1- 2 Liter Wasser.
- Beliebte ätherische Öle im Wasser sind Pfefferminze, Orange, Zitrone, Melisse u.a.
- Nahrungsergänzungen können für Hunde direkt in Kapselform mit dem Essen verabreicht werden. Sie schlingen meist das Futter hinunter, ohne die Kapseln zu kauen. Man kann auch eine Spritze mit weichem Futter und ätherischen Ölen aufziehen und verabreichen.
- Bei größeren Tieren wird die verdünnte Ölmischung direkt ins Maul getropft. Dabei zieht man die Unterlippe vor und tropft sie hinein. Vögel lieben eine Hauch von Duft in ihrem Trinkwasser, z.B. Rosenduft oder Melisse.

Besondere Sorgfalt im Umgang mit ätherischen Ölen

Besondere Sorgfalt ist geboten, dass ätherische Öle nicht in die **Augen** gelangen. Falls es doch passiert, spült man das Auge mit reinem Pflanzenöl (z.B. Olivenöl) gründlich aus. Wasser darf nicht verwendet werden, denn es würde das Öl noch tiefer in das Auge treiben und noch mehr brennen. Es ist angeraten, bei der Anwendung ätherischer Öle immer ein reines Pflanzenöl bereitzuhalten, falls ein ätherisches Öl zu stark ist und eine Hautreizung hervorruft. Ätherische Öle werden niemals in das **Innenohr** gegeben, sondern zur Reinigung oder bei Ohrinfektionen nur äußerlich angewendet.

Hast du dir schon einmal ein **Oregano** Öl pur auf die Zunge gegeben? Dann weißt du, wie dieses „heiße" Öl dir die Tränen in die Augen treibt, du nach Luft schnappst, in die Küche zu deinem Olivenöl läufst und „den Brand löschst"? Du weißt aus Erfahrung, wie das Öl wirkt. Daher probiere jedes Öl, das du an deinem Tier anwenden willst, zuerst einmal selber an dir aus. Bei Unsicherheit in der Anwendung ätherischer Öle, wenn Öle neu eingeführt oder eine Ernährungsumstellung angestrebt wird und bei allen gesundheitlichen Fragen sollte immer tierärztlicher Rat eingeholt werden.

Katzen sind sehr speziell, und man muss mit ätherischen Ölen bei ihnen sehr umsichtig sein und verantwortungsvoll umgehen. Sie zeigen unmissverständlich, was sie von einem ätherischen Öl halten. Entweder lieben sie es, dann liegen sie mitten im Öle-Koffer oder sogar unter dem Aroma-Diffuser, um ja keinen Atemzug zu verpassen, oder sie verlassen den Raum. Ätherische Öle reich an Phenolen und Ketonen sollten mit besonderer Vorsicht und hoch verdünnt angewendet oder ganz gemieden werden. Alle Öle werden für die Samtpfoten extrem stark verdünnt. (Siehe spezielle Sicherheitsrichtlinien im Kapitel *Katzen*.)

Hunde mit ihrem besonderen Geruchssinn sind auch vorsichtig an ätherische Öle heranzuführen. Heiße Öle wie Oregano und Zimt werden stark verdünnt oder ganz gemieden, und Nahrungsergänzungen werden sehr stark verdünnt in Kapselform verabreicht. Wenn ein Hund ein Öl kategorisch ablehnt, sollte man seine Wahl respektieren und dieses Öl an ihm nicht verwenden. Im Allgemeinen gilt: Man verwendet ätherische Öle an kleinen Hunden und Katzen wie bei einem Baby. Ein Hauch genügt. Tiere sprechen unglaublich schnell auf ätherische Öle an. Sollte sich einmal eine Reaktion auf eine Anwendung mit Ölen zeigen, dann ist es in den allermeisten Fällen eine Reaktion auf einen Reinigungsprozess. Unsere Tierfreunde, so wie wir, sind ja vollgestopft mit chemischen Giften aus Luft und Nahrung, und ätherische Öle sehen es als ihre Aufgabe an, zuerst Ordnung zu schaffen, bevor Gesundheit einziehen kann.

Pferde, Rinder, Ziegen und Schafe und alle Pflanzenfresser lieben ätherische Öle und betteln förmlich um ein Öl. Nicht selten kommt es vor, dass ein Pferd das Ölfläschchen in der Jackentasche riecht und danach verlangt. Wenn man die (geschlossenen) Ölfläschchen vor dem Pferd zur Auswahl aufstellt, sucht es sich genau „sein" Öl für den Tag aus, das man dann natürlich an dem Tier verwendet. Ätherische Öle sind – wie Medikamente – vor Haustieren sowie vor Kindern wegzuschließen, und es versteht sich, dass Experimente mit Ölfläschchen und dem Tier nur unter besonderer Aufsicht und mit Umsicht des Pflegers stattfinden dürfen.

Anzeichen einer Vergiftung

Anzeichen einer Vergiftung können ein verändertes Verhalten, epileptische Anfälle, Zittern, Koma, Hautempfindlichkeit, Rötung, Juckreiz, am Boden wälzen, Schielen oder Kratzen im Gesicht sein. **Ein hochwirksames Öl**, das behutsam gemäß der Größe und Eigenart des Tieres verabreicht wird, hat sich in vielfacher Weise als extrem hilfreich erwiesen und **ruft keine Vergiftungserscheinungen hervor**. Oft machen sich die Leute, die Duftstecker und Duftlampen mit synthetischen Ölen in ihren Räumen neben den Haustieren verwenden, Gedanken darüber, ob ätherische Öle giftig wären. Ätherische Öle höchster Qualität sind Natur pur, und weise angewandt, kann zum Beispiel das Wintergrünöl den Unterschied zwischen einem von Arthritis schmerzgebeugten und einem gesunden, glücklichen Haustier bedeuten.

Das vielzitierte „Wintergrünöl"

Ein Wort zum Wintergrünöl, das in der Aromatherapie-Gemeinschaft oft diskutiert und von manchen Experten als besonders gefährlich und giftig propagiert wird. Im Allgemeinen gilt: Jedes synthetische, im Labor hergestellte Öl ist lebensunfähig und daher lebensfeindlich. Lebensunfähig wird ein von Menschenhand erzeugtes Produkt dadurch, dass aus der Symphonie der Heilkräfte einer Pflanze ein Spieler herausgenommen wird, zum Beispiel die erste Geige eines Orchesters. Bei Wintergrün heißt der erste Geiger **Salicylsäuremethylester**, auch **Methylsalicylat** genannt. Dieser Einzelbestandteil wird wissenschaftlich untersucht und als „giftig" befunden. Doch das Orchester einer lebenden Pflanze besteht nicht allein aus einem ersten Geiger, sondern – im Falle von Wintergrün – noch aus einem zweiten, kleinen und daher oft übersehenen Instrumentalisten, **Salicylsäure**. Beide Spieler wirken zusammen, unterstützen sich gegenseitig, gleichen sich aus und potenzieren sich. Dadurch werden sie zu einem hochwirksamen Öl für Mensch und Tier.

So kommt es, dass ein nach **therapeutischem Standard hergestelltes Wintergrünöl wunderbare Erfolge** auch im Tierreich zeitigt. Umgekehrt heißt das: Ein von Menschenhand hergestelltes, aus dem lebendigen Kontext gerissenes, aus Pflanzenmaterial extrahiertes, analysiertes und zuletzt im Labor synthetisch zusammengesetztes Mittel ist „lebensunfähig und lebensfeindlich", weil es den Geist des Lebens nicht besitzt und Natur im Labor nicht nachgestellt werden kann. Zu vielschichtig und noch unerforscht ist die biochemische Zusammensetzung einer natürlichen Pflanze. Den Beweis dafür kann man in den Beipackzetteln der heutigen Medikamente nachlesen, wo als Nebenwirkung nicht selten auch „Tod" steht.

Solltest du in meiner Liste ätherischer Öle also „Wintergrün" lesen und besorgt sein, dann bedenke: Wintergrünöl ist eines der Öle, das nahezu ausschließlich im Labor synthetisch hergestellt wird. Es gibt also auf dem Weltmarkt ein Wintergrünöl zu kaufen, das – im Labor erzeugt – nie eine lebende Pflanze gesehen hat! Diesem Umstand ist es wohl zu verdanken, dass Wintergrün in Verruf gekommen ist, denn **ein synthetisches Wintergrünöl ist tatsächlich giftig**. Die Verwendung hochwirksamen Wintergrünöls von höchster Qualität, das nur von einer Pflanze stammen kann, ist aber nicht nur sicher in der Anwendung; tausende von Katzen haben es über lange Zeit hindurch regelmäßig genossen, bezeugt die führende Veterinärmedizinerin Dr. Melissa Shelton, die schon jahrelang mit ätherischen Ölen an Tieren arbeitet. Sie tritt in ihrem über 500-seitigen Buch *Animal Desk Reference* den klaren Beweis dafür an.

Damit du meine obigen Hinweise verstehst, füge ich hier eine Geschichte aus meinem Buch *Duftmedizin – Ätherische Öle und ihre therapeutische Anwendungen* an, die dir das Problem minderwertiger, falsch gekennzeichneter oder gar synthetischer Öle vor Augen führt. Diese Geschichte erzählt von einem „Lavendelöl", das Verbrennungen verursachte. Solltest du ein solches Öl, das du im nächsten Supermarkt billig einkaufst, an deinem Haustier anwenden, dann kann es mit Vergiftungen und Hautausschlägen bis hin zu Verbrennungen reagieren. Das verursacht letztlich wesentlich höhere Tierarztkosten, als du mit dem billigen Öl eingespart hast. Und es fügt deinem Tier mehr Leid zu.

Das Lavendelöl, das keines war ...

Nach einem Vortrag über ätherische Öle ging Betty in einen Gesundheitsladen und kaufte sich ein Lavendelöl. Auf dem Etikett stand „100% reines Lavendelöl“. „Das nehme ich“, freute sie sich, denn sie hatte auf dem Vortrag gehört, dass Lavendelöl eine Wunde heilt, ohne eine Narbe zu hinterlassen. Sie hatte eine Verletzung auf der Hand, die nicht heilen wollte.

Den Warnhinweis, nur reines Lavendelöl, *Lavandula angustifolia*, für eine Wunde zu nehmen, hatte sie im Vortrag verstanden und ernst genommen und vertraute nun dem Etikett auf dem Fläschchen „100% reines Lavendelöl“. Sie schaute nicht, ob da stand, *Lavandula angustifolia*. „100% reines Lavendelöl“ genügte ihr.

Beim Vortrag erfuhr sie auch, dass der Vater der Aromatherapie, René-Maurice Gattefossé, diese wunderbare hautregenerierende Eigenschaft des Lavendelöls entdeckte, als er sich selbst bei einer Explosion in seinem Labor stark verbrannte. Also kaufte Betty vertrauensvoll das Lavendelöl.

Zu Hause angekommen, öffnete sie begierig das Fläschchen und tropfte das ‘Lavendelöl’ erwartungsvoll in die Wunde. Was sie erwartet hatte, war die bekannt wohltuende Wirkung des Lavendelöls. Was sie aber erlebte, war die Hölle. Die Wunde fing zu brennen an und wurde immer schmerzhafter. Was vorher schon eine große Wunde war, war jetzt richtig verbrannt, verätzt und tat furchtbar weh. Sie war wütend.

Ganz außer sich, suchte Betty den Vortragenden, der ihr dieses Öl empfohlen hatte, auf und sagte aufgebracht: „Sie sind ein Scharlatan. Ich werde Sie anzeigen. Das Lavendelöl hat gar nicht diese Eigenschaft, von der Sie erzählt haben. Schauen Sie, was Sie mit mir gemacht haben. Mir geht es weitaus schlimmer als vorher.” Der Arzt antwortete: „Zeigen Sie mir bitte, was Sie genommen haben.” Sie reichte ihm das Fläschchen. Er nickte: „Tut mir leid, da steht zwar „100% reines Lavendelöl“ auf dem Etikett. Ich habe Ihnen aber gesagt, unbedingt darauf zu achten, dass die Bezeichnung *Lavandula angustifolia* auf dem Etikett steht.

Viele Firmen lassen ihr ‘Lavendelöl’ aus dem günstigeren Lavendel-Hybrid Lavandin (*Lavandula x intermedia*) herstellen und verkaufen es als „100% reines Lavendelöl“, fuhr er fort. „Lavandin ist zum Beispiel für eine gute Raumluft geeignet, denn es hat den erfrischenden Kampfergeruch. Doch auf einer Wunde führt der scharfe Kampfer zu Verbrennungen. Leider ist es gesetzlich erlaubt, ‘100% reines Lavendelöl’ auf das Etikett zu schreiben, wenn auch nur 10% des Inhalts ein echtes Lavendelöl ist und der Rest mit billigeren, oft synthetischen Füllstoffen aufgefüllt wurde.”

Als der Arzt ihr das erklärte, war die Frau entsetzt. Doch er beruhigte Betty und verarztete ihre Wunde mit reinem *Lavandula angustifolia*. Dann gab er ihr ein Fläschchen mit der Aufschrift „100% reines Lavendelöl – *Lavandula angustifolia*“.

Also Vorsicht beim Kauf eines ätherischen Öls! Damit nicht so ein Missgeschick passiert, wie es Betty mit dem 'Lavendelöl' aus dem Laden um die Ecke widerfuhr, rate ich ganz eindringlich, die Firma, deren ätherische Öle man verwenden will, genau zu prüfen und herauszufinden, ob man ihr vertrauen kann. Woher soll denn ein Laie wissen, ob ein Öl echt ist oder nicht?

Einzelne Öle zur Unterstützung der Körpersysteme

Hier ist eine Übersicht über die Körpersysteme unserer Haustiere (ganz wie beim Menschen), die aufzeigt, welche ätherischen Öle für bestimmte Zwecke besonders geeignet sind. Aus der Liste der vielen Öle sucht man sich für eine bestimmte Herausforderung ein bis drei Öle aus und beginnt damit zu arbeiten. Der Grund, warum so viele Einzelöle gelistet sind, ist der, dass man schnell diejenigen Öle herausfindet, die man schon zu Hause hat und die unserem Haustier zusagen.

Nicht alle Tiere haben den gleichen Geschmack, und auch die Mitglieder einer Rasse haben nicht alle dieselben Vorlieben. Die Kunst wird es sein, diejenigen Düfte herauszufinden, die unser Haustier „liebt". Wir sollten unsere Haustiere niemals zu einem Öl zwingen. Manche Katzen sind geradezu süchtig auf Baldrian, aber nicht alle. Manche Hunde lecken begierig Lavendelöl von unseren Händen, andere hingegen reißen sich nicht darum.

Während die zu Beginn des Buches vorgestellten **Notfall-Öle und Ölmischungen geradezu lebenswichtig** in der Aromapflege für Tiere sein können und in Notsituationen sofort zur Hand sein sollten, kann man mit den Ölen in der folgenden Liste langsam testen und Erfahrungen sammeln.

Körpersysteme	Ätherische Öle
Atemwege	Balsamtanne, Eukalyptus, Fichte, Kiefer, Lavendel, Nelke, Oregano, Palo Santo, Pfefferminze, Rosmarin, Salbei, Teebaum
Blut	Balsamtanne, Cistus, Geranie, Immortelle, römische Kamille, Lavendel, Lemongrass, Muskatellersalbei, Nelke, Rosmarin, Zypresse
Blutgefäße	Immortelle, Lemongrass, Nelke, Weihrauch, Wintergrün, Zitrone, Zypresse
Darm/ Verdauung	Anis, Balsamtanne, Bergamotte, Dill, Estragon, Eukalyptus globulus, Fenchel, Geranie, Ingwer, Lemongrass, Majoran, Nelke, Pfefferminze, Rosmarin, Thymian, Wacholder, Zimt, Zitrone
Emotionale Balance	Bergamotte, Fichte, Geranie, Juniper, Kiefer, Lavendel, Sandalholz, Weihrauch, Ylang Ylang, Zedernholz
Gehirn	Immortelle, Myrrhe, Nelke, Palo Santo, Pfefferminze, Sandelholz, Wacholder, Weihrauch, Zitrone

Körpersysteme	Ätherische Öle
Gelenke und Wirbelsäule	Balsamtanne, Basilikum, Eukalyptus globulus, Fenchel, Fichte, Immortelle, Lemongrass, Majoran, Nelke, Oregano, Palo Santo, Pfefferminze, Rosmarin, Teebaum, Thymian, Weihrauch, Wintergrün, Zypresse
Harnwege	Estragon, Eukalyptus polybractea, Fenchel, Kiefer, Nelke, Oregano, Rosmarin, Teebaum, Wacholder, Zitrone
Haut/Haare	Bergamotte, Geranie, Immortelle, Lavendel, Ledum, Melisse, Myrrhe, Pfefferminze, Rosmarin, Sandelholz, Teebaum, Wacholder, Weihrauch, Zitrone, Zitronella, Zypresse
Herz/ Kreislauf	Basilikum, Bergbohnenkraut, Geranie, Goldrute, Grapefruit, Immortelle, Lavendel, Lemongrass, Majoran, Muskatellersalbei, Nelke, Rosmarin, Salbei, Sandelholz, Thymian, Zimt, Zitrone, Zypresse
Hormonhaushalt	Balsamtanne, Bergamotte, Estragon, Fenchel, Fichte, Jasmin, Kiefer, Muskatellersalbei, Salbei, Vetiver, Ylang Ylang
Immunsystem	Balsamtanne, Basilikum, Eukalyptus, Fichte, Lemongrass, Melisse, Nelke, Orange, Oregano, Salbei, Sandelholz, Teebaum, Thymian, Weihrauch, Zimt, Zitrone, Zypresse
Leber	Dill, Geranie, Grapefruit, Immortelle, Kamille, Ledum, Mandarine, Nelke, Pfefferminze, Rosmarin, Salbei, Wacholder
Lunge	Basilikum, Balsamtanne, Cistus, Eukalyptus radiata, Fichte, Kiefer, Oregano, Ravensara, Rosmarin, Teebaum, Thymian, Weihrauch
Lymphsystem	Grapefruit, Immortelle, Kiefer, Ledum, Lemongrass, Mandarine, Orange, Rosmarin, Sandelholz, Zedernholz, Zypresse
Muskeln	Basilikum, Fichte, Immortelle, Ingwer, Lemongrass, Majoran, Oregano, Pfefferminze, Rosmarin, Sandelholz, Teebaum, Thymian, Weihrauch, Wintergrün, Zypresse
Nervensystem	Baldrian, Balsamtanne, Fichte, Geranie, Immortelle, Ingwer, römische Kamille, Lavendel, Majoran, Melisse, Muskatellersalbei, Pfefferminze, Weihrauch, Zedernholz
Nieren	Anis, Fenchel, Geranie, Immortelle, Ledum, Lemongrass, Salbei, Wacholder, Wintergrün
Stoffwechsel	Fenchel, Grapefruit, Grüne Minze, Orange, Rainfarn, Salbei

Quelle: Essential Oils Integrative Medical Guide

3 Die Aromapflege bei Tieren

Ölmischungen – ein Powerhaus

Professionell hergestellte Ölmischungen werden im richtigen Verhältnis – unter Berücksichtigung der verschiedenen Chemotypen und Wirkweisen der einzelnen verwendeten Öle – gemischt. Sie wirken synergetisch zusammen und ergeben eine Symphonie an Heilschwingungen. Sie unterstützen und potenzieren sich gegenseitig, um so den größtmöglichen Nutzen zu erbringen. Die Einfachheit liegt darin, dass man ein ätherisches Öl oder eine Ölmischung einatmet und auf die Stelle aufträgt, ohne wissen zu müssen, wie das Öl bei einzelnen Beschwerden genau hilft. Ätherische Öle sind intelligent. Sie wissen, wo sie gebraucht werden und wie sie unser Haustier und uns selber am besten unterstützen können. Wenn man also seinem Liebling eine wohltuende Massage schenkt, wird man feststellen, dass die ätherischen Öle auch gleichzeitig für einen selber ein wunderbares Wellness-Geschenk bereithalten. Sie können uns von Stress und Verspannungen befreien, die Sorgenfalten auf unserer Stirn glätten und unser Herz öffnen. Die Aufgabe ätherischer Öle ist es, gesund und glücklich zu machen!

Natürlich geht nichts über eine wissenschaftlich fundierte, von Meisterhand erstellte ätherische Ölmischung; aber für den schnellen Hausgebrauch können wir auch unsere eigenen Mischungen zusammenstellen. Dabei ist Folgendes zu beachten:

Die reine Ölmischung: Um sich zum Beispiel eine antimikrobielle Ölmischung herzustellen, mischt man ätherische Öle von Gewürznelke, Zimt, Rosmarin, Zitrone und *Eucalyptus radiata* zusammen, ohne Zusatz von einem Pflanzenöl (wie Kokosöl, Sonnenblumen- oder Olivenöl). Eine Ölmischung, die ausschließlich aus ätherischen Ölen besteht, ist nahezu unbegrenzt haltbar.

* Das Foto links zeigt einen Mini-Australian Shepherd, der ein Teil des Verlags-Teams ist. Visi wurde aus einer Qualzucht gerettet. Er sollte eingeschläfert werden, da er gehörlos zur Welt kam. (Anm. d. Verlages)

Die Massage-Ölmischung: Will man ein Massageöl mit ätherischen Ölen herstellen, fügt man etwa 250 ml reinem Pflanzenöl 15-30 Tropfen eines Einzelöls oder einer ätherischen Ölmischung bei, je nach der Größe und Empfindsamkeit des Tieres. Diese Ölmischung ist nur eine begrenzte Zeit haltbar, bis das Pflanzenöl ranzig wird. Der Vorteil eines fertigen Massageöls liegt natürlich in seiner raschen Verfügbarkeit. Es kann in die Hand getropft und in das Fell einmassiert werden, oder mittels einer Öl-Sprühflasche, wie man sie zum Salatwürzen in der Küche verwendet, auf das Tier aufgesprüht und eingerieben werden.

Die Wasser-Ölmischung: Eine Wassersprühflasche mit ätherischen Ölen ist auch sehr handlich, zum Beispiel zur Geruchskontrolle, um etwa Schlafplätze von Hund und Katze mit einer antimikrobiellen Ölmischung zu desinfizieren oder Pferden mit einem kühlenden Pfefferminz-Spritzer die Fliegenplage zu erleichtern. Dazu gibt man in eine 250 ml Sprühflasche, die nicht aus Weichplastik sein darf, je nach Verwendungsart etwa 20 Tropfen eines ätherischen Öls. Eine Warnung: Die Öle nehmen ihre Aufgabe sehr ernst und würden gleich damit beginnen, die Giftstoffe aus der Plastikflasche herauszulösen. Diese Gifte wären dann im Wasser und würden unseren Lieben mehr schaden als nützen. Die Richtlinie lautet also: Bei der Arbeit mit reinen ätherischen Ölen kein Plastik verwenden!

Der Aroma-Diffuser

1. Es gibt zwei Arten von Aroma-Diffusern: Einen auf Wasser basierenden Diffuser für die Heimanwendung und einen Diffuser, der ausschließlich mit ätherischen Ölen arbeitet und mit seinem starken Duft gut für Stallungen und große Gebäude geeignet ist.
2. Zum Vernebeln wählt man geeignete ätherische Öle, einerseits zur Desinfektion der Atemluft, andererseits zur Unterstützung körperlicher und mentaler Prozesse sowie zur emotionalen Unterstützung.
3. Der Aroma-Diffuser ist ein Kaltluft-Diffuser, der das ätherische Öl nicht erhitzt. Dadurch bleiben die Heilkräfte des Öls intakt.
4. Man vermeidet die Verwendung einer Duftlampe, die mit einer Kerze das ätherische Öl erhitzt und dadurch die Wirkungen des Öls zerstört und unsere Absicht obsolet macht.

Zur Reinigung der Umgebung und zur körperlichen Unterstützung

- Desinfektion der Atemluft (Antimikrobielle Ölmischung)
- Unterstützung der Körpersysteme (Copaiba, Antibakterielle Ölmischung)
- Emotionale Unterstützung (Lavendel, Mandarine)
- Mentale Unterstützung (Zypresse, Zitrone, Pfefferminze)

Das Vernebeln von ätherischen Ölen für Haustiere

Durch das Vernebeln ätherischer Öle in die Luft eines geschlossenen Raumes werden die aromatischen Moleküle der ätherischen Öle ganz natürlich in den Körper eingeatmet, wo sie zahlreiche unterstützende, entspannende und das Immunsystem stärkende Reaktionen auslösen.

Der Geruchssinn ist der einzige Sinn, der direkt mit dem limbischen System des Gehirns – das emotionale Kontrollzentrum – verbunden ist. Wenn ätherische Öle eingeatmet werden, gehen sie direkt zu dieser Stelle des Gehirns, die Herzfrequenz, Blutdruck, Atmung, Gedächtnis, Stress, Hormonhaushalt und Emotionen reguliert. Daher haben nach therapeutischem Standard hergestellte ätherische Öle unglaubliche Wirkungen auf Körper, Emotionen und Geist, wenn sie vernebelt und eingeatmet werden.

Inhalation ist die direkteste Methode, die heilsamen chemischen Botenstoffe der Öle zum Gehirn zu bringen. Ätherische Öle werden über die Lunge aufgenommen, die das Immunsystem reguliert, und gelangen so direkt in den Blutkreislauf. Dabei reagiert der Körper innerhalb von ein bis drei Sekunden! Daher ist für viele Menschen und ihre Tiere die Inhalation ätherischer Öle die bevorzugte Methode der Anwendung.

Wenn Öle im Haus, Vogelhaus oder Stall vernebelt werden, reinigen sie die Luft von Viren, Bakterien und schädlichen Keimen aller Art. Sie reichern die Luft mit Sauerstoff und negativen Ionen an und schaffen so eine Atmosphäre, in der gesundheitsschädliche Keime nicht überleben können.

Beim Vernebeln ätherischer Öle werden die Duftmoleküle in mikrofeinen Nebel zerstäubt, wo sie für eine lange Zeit in der Luft verbleiben und für jeden, der sie einatmet, zum Nutzen gereichen. Der Duft aus dem Vernebler deckt nicht nur Gerüche zu, sondern ätherische Öle ändern die Struktur der Moleküle, die Gerüche verursachen, und neutralisieren sie. Dies wurde in Studien an der *Weber State University* in Utah, USA, bestätigt. Es wurde nachgewiesen, dass die in der Atemluft befindlichen Mikroorganismen durch das Vernebeln von ätherischen Ölen abgetötet werden. Dieses Wissen ist höchst brisant, denn die Gefahr der Superkeime, die zunehmend gegen Antibiotika resistent werden, macht auch vor unseren Haustieren nicht Halt.

Ein Wasserspray

Eine Glasflasche mit Wasser und ätherischen Ölen ist ein handliches Hilfsmittel für allerlei Anwendungen. Man kann die Raumluft verbessern, eine trockene Luft befeuchten, Polster und Decken sowie Stofftiere der Vierbeiner besprühen, um sie keimfrei zu halten. Man kann damit sogar Obst und Gemüse besprühen, die dadurch länger frisch bleiben. Gleichzeitig bekommen unsere Tiere durch das besprühte Gemüse ätherischen Öle einfach und unbemerkt in ihren Körper.

An heißen Sommertagen gönnt man sich einen kühlen Sprühregen mit Pfefferminzöl. Auch überhitzte Tiere lieben das. Es erfrischt und hält zugleich Insekten ab. Um der lästigen Fliegenplage in der Küche zu begegnen, besprüht man Tisch und Arbeitsflächen damit. Die Fliegen sitzen dann oben an der Decke und belästigen die Köchin nicht mehr. Ameisenstraßen können umgeleitet und allerlei Ungeziefer in Haus und Garten in Schach gehalten werden.

Aber diese Wasserspritzflasche ist auch eine schnelle Möglichkeit, um Wunden mit geeigneten ätherischen Ölen wie Zistrosenöl oder Immortelle zu benetzen. Große Fleischwunden an Pferden, aufgeriebene Hautstellen an Hunden oder das angebissene Ohr unseres Katers können damit versorgt werden. Auch Vögel lieben den sanften Sprühregen. Für kleine Tiere beginnt man mit 2 Tropfen eines ätherischen Öls in 250 ml Wasser. Je nach Verträglichkeit und Anwendungsbereich kann die Menge langsam gesteigert werden.

Für ein Lavendel-Augenspray füllt man in eine 120 ml Glasflasche destilliertes Wasser und 4 Tropfen *Lavandula angustifolia*, schüttelt vor jedem Gebrauch gut und befeuchtet damit sanft das geschlossene Auge. Der milde Sprühregen lindert Entzündungen und mehr.

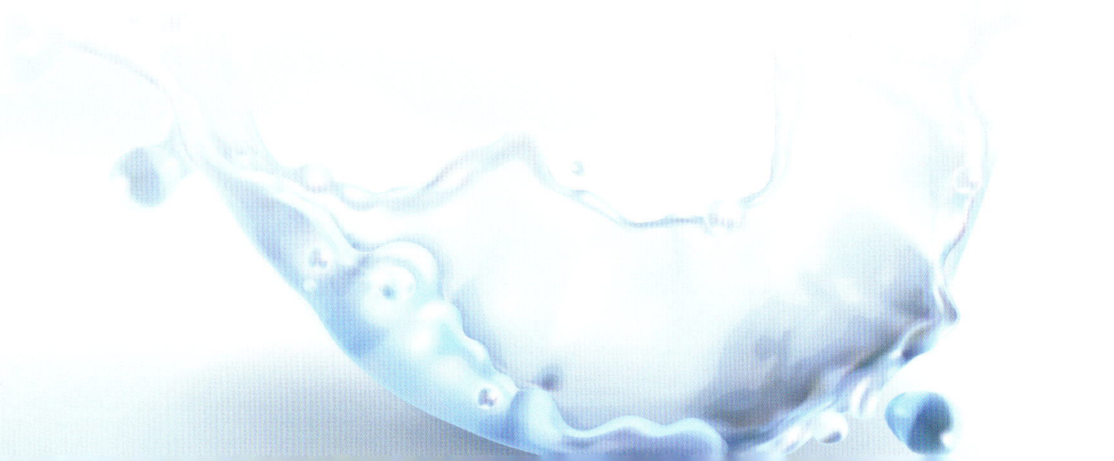

Ein Wasserspray

1. In eine 250 ml Glasflasche mit Sprühaufsatz gibt man Wasser und 2 Tropfen eines ätherischen Öls oder mehr und schüttelt vor Gebrauch gut.
2. Man sprüht diese Mischung zur Verbesserung der Raumluft, zur Luftbefeuchtung und zur Desinfizierung von Hunde- und Katzenpolstern, von Spielsachen und um sich lästiger Insekten zu erwehren.
3. Obst und Gemüse werden keimfrei, halten länger und unsere vegetarischen Freunde bekommen mit dem so behandelten Gemüse ätherische Öle in ihren Körper.
4. Wunden werden damit versorgt. Das Lavendel-Augenspray (120 ml Glasflasche, destilliertes Wasser und 4 Tropfen Lavandula angustifolia) beruhigt entzündete Augen.

Das Badevergnügen

Die meisten kleinen Freunde scheuen das Baden und kämen lieber ganz ohne Dusche aus, obwohl einige von ihnen richtige Wasserratten sind. Um den Tieren das Baden so angenehm wie möglich zu machen und ihnen Sicherheit zu geben, legt man in die Badewanne, das Waschbecken oder den Wassertrog ein Handtuch. Das Tier kann sich daran festkrallen und findet dadurch Halt. Die meisten Tiere lieben es nicht, wenn man ihren Kopf einseift, daher beginnen wir mit dem Baderitual vom Hals abwärts und pflegen den Kopf in einer extra Anwendung schonend und vorsichtig.

Man nimmt ein biologisches Shampoo, das Inhaltsstoffe enthält, die das Fell reinigen, pflegen und schützen und ganz auf den Zusatz von gefährlichen Stoffen wie Propylenglykol oder Sodium Laurylsulfat – bekannten Krebserregern – verzichtet. Nimmt man ein neutrales Shampoo- oder Duschgel auf biologischer Basis, kann man mit den verschiedensten Düften, die dem jeweiligen Tier zusagen, arbeiten. Aber nicht vergessen: Weniger ist mehr. Die Öle sind trotz geringer Mengen hochwirksam und aktiv.

Dem Shampoo werden ätherische Öle beigemischt, die ganz auf die Konstitution und das Gemütsleben unserer Lieblinge abgestimmt sein können. Sollte ein Tier furchtsam sein oder unter Stress stehen, hilft der Duft des milden **Lavendels** dabei, wieder in die Balance und Mitte zu kommen. Oder man schenkt seinem Tier das erdende, stärkende Naturerlebnis der Nadelwälder mit **Balsamtanne, Fichte** oder **Kiefer**. Ist das Fell schuppig und struppig, nimmt man einen Tropfen einer ***Antiseptischen Ölmischung*** zuhilfe. Die ***Antimikrobielle Ölmischung*** ist ein Rundumschutz für das Tier. Man kann das Baderitual für seinen Liebling natürlich auch zu einem besonderen Event machen, indem man ihn mit seinem Lieblingsduft überrascht. Zu beachten ist, dass das Shampoo nicht in Augen und Ohren gelangt.

Ein Ölspray für die Körperpflege

Wie der Wassersprüher kann auch das ätherische Öl in einem Pflanzenöl wie etwa Olivenöl mittels einer Ölsprühflasche verwendet werden. Im Gegensatz zu Wasser hält die Anwendung mit fettem Öl länger auf der Haut. Sie hält Insekten länger von Pferden und Kühen fern und macht Läusen im Pelz das Leben schwer. Kein fettes Öl sollte allerdings auf offene Wunden gelangen, um die Wunde keimfrei zu halten.

Ein Ölspray

1. In eine Ölsprühflasche füllt man 120 ml Pflanzenöl, z.B. Olivenöl, und fügt anfangs 1 Tropfen eines ätherischen Öls zu. Die Tropfenanzahl kann der Größe des Tieres angepasst und langsam nach Verträglichkeit gesteigert werden.
2. Im Gegensatz zu Wasser hält die Anwendung mit fettem Öl länger auf der Haut.
3. Sie hält Insekten fern und vertreibt Läuse.
4. Kein fettes Öl sollte auf offene Wunden gesprüht werden.

Einreibung und Massage

Das Fell, die behaarte Haut, nimmt ätherische Öle besonders gut auf, daher ist die Einreibung und Massage bei Tieren sehr wirksam. Dafür nimmt man ein mit ätherischen Ölen angereichertes reines Pflanzenöl (Massageöl), Hydrolate (Blütenwasser) oder Wasser mit ätherischen Ölen gut vermischt. Man kann auch ein Aloe Vera Gel verwenden, das mit ätherischen Ölen versetzt ist. Auch eine Einreibung mit einem Trockenshampoo bringt Erleichterung.

Einreibung und Massage

Man verwendet:

1. Reines Pflanzenöl (Massageöl) mit ätherischen Ölen
2. Hydrolate (Blütenwasser) oder Wasser mit ätherischen Ölen
3. Aloe Vera Gel mit ätherischen Ölen
4. Trockenshampoo mit ätherischen Ölen

- **Die Ganzkörper-Einreibung:** Eine großflächige Einreibung ist besonders wohltuend bei Flohbefall und dem daraus resultierenden Juckreiz. Wird das kühlende Aloe Vera Gel, gemischt mit **Zitronella, Zitronengras, Eukalyptus, Kiefer** oder der ***Antibakteriellen Ölmischung*** einmassiert, profitiert das Tier auf zweifache Weise: Der Juckreiz wird gestillt und die Flöhe nehmen Reißaus.

- **Die kleinflächige Einreibung:** Zur Versorgung einer Wunde oder einer schmerzenden Stelle empfiehlt sich die gezielte Einreibung. Für die arthritische Schmerzbehandlung wird das stark verdünnte Wintergrünöl sowie die Ölmischung gegen Schmerzen auf die zu behandelnde Stelle gerieben und einmassiert. Zur Wundbehandlung kann man eine Sprühflasche mit Blütenwasser verwenden oder mit ätherischen Ölen versetztes Aloe Vera Gel auftragen.

Die Fellpflege

Nicht alle Haustiere lieben den Hundefriseur. Im Gegenteil, es könnte für unseren Liebling sehr stressvoll sein, seine gewohnte Umgebung zu verlassen, im Auto transportiert und von fremden Menschen „gepflegt" zu werden. Da hilft ein beruhigendes Öl wie **Lavendel** oder **Balsamtanne**. Man legt ein Handtuch mit einem Tropfen Öl in die Transporttasche oder verreibt einen Tropfen Öl gründlich in den Händen und hält die Hand behutsam und liebevoll an das Näschen, so dass der Liebling daran schnuppern kann und sich beruhigt.

Dann kann die Fellpflege beginnen. Die meisten Haustiere lieben es, gestriegelt zu werden. Man gibt, je nach der Verfassung des Tieres, einen Tropfen eines ätherischen Öls, oft verdünnt mit reinem Pflanzenöl, in die Naturborstenbürste und streicht langsam und gründlich den Nervenbahnen entlang vom Kopf bis zum Schwanzende. Eine ***Antimikrobielle Ölmischung*** bietet dabei einen Rundumschutz. Für ein schönes, glänzendes Fell sorgt in erster Linie die gesunde Ernährung. Aber auch das Kämmen (Flohkamm) und das Bürsten tragen zu einem gepflegten Aussehen bei.

Das 100% reine Shampoo ohne chemische Zusätze und Giftstoffe ist die Voraussetzung für die gesunde Fellpflege. Zum Shampoo gibt man, je nach Anforderung, ein ätherisches Öl oder eine Ölmischung, die die Haut pflegt (**Lavendel**), Entzündungen entgegenwirkt (**Copaiba**), Läuse vertreibt (**Eukalyptus**) oder ein nervöses Haustier wunderbar beruhigt (**Balsamtanne**). Zwischendurch kann das Fell mit einem Trockenshampoo (siehe *Rezepte* im folgenden Abschnitt) gepflegt und nicht so gut riechende Hunde damit wieder auf Vordermann gebracht werden. Dafür empfiehlt sich die ***Antibakterielle Ölmischung***.

Hydrolate in einer Sprühflasche für ein duftendes Haustier sind ebenfalls beliebt. Dabei wird der Kopf des Tieres nicht behandelt! Wenn der Liebling die Duftdusche nicht mag oder sich vor dem Sprühstoß erschreckt, greift man auf die Streichel- und Massagetechnik zurück.

Die Fellpflege

1. Gesunde Ernährung, Nahrungsergänzung
2. Das Bürsten von Kopf bis Rute den Nervenbahnen entlang
3. Das gesunde Shampoo ohne gefährliche Zusatzstoffe
4. Das Trockenshampoo, Blütenwasser oder Gel zur Geruchskontrolle

Ätherische Öle für die Fellpflege

- Lavendel pflegt die Haut.
- Copaiba begegnet Entzündungen.
- Eukalyptus vertreibt die Läuse.
- Balsamtanne beruhigt.

Wickel und Kompressen

Diese Anwendung ist für das Tier sicher ungewohnt und muss daher mit viel Einfühlungsvermögen vorbereitet und ausgeführt werden. Man gewöhnt den Patienten an das Wickelmaterial, lässt ihm Zeit, alles zu beschnuppern, und macht es ihm bequem. Ist der Lauf verletzt, nimmt man ein die Knochen stärkendes Öl wie **Palo Santo** oder **Balsamtanne**. Handelt es sich um eine Magenverstimmung, ist die ***Ölmischung für die Verdauung*** gerade das Richtige. Ein Waschlappen oder ein Gästehandtuch wird in das vorbereitete Wasser mit dem entsprechenden Öl getaucht, gut ausgedrückt und auf die betreffende Stelle aufgelegt. Dabei verwendet man zur Schmerzlinderung warme Kompressen bei Knochenverletzungen, Verstauchungen oder Muskelzerrungen und kalte Kompressen bei Entzündungen.

Wickel und Kompressen

1. Man bereitet ein warmes oder kaltes Wasser mit entsprechenden ätherischen Ölen vor und taucht ein Handtuch oder einen Waschlappen ein.
2. Das nasse, gut ausgedrückte Tuch wird auf die zu behandelnde Stelle gelegt.
3. Man beruhigt das Tier und krault sein Fell, um es ihm gemütlich zu machen, denn Tiere liegen gewöhnlich nicht lange ruhig mit einem nassen Tuch auf der Schmerzstelle.
4. Für Knochenschmerzen empfiehlt sich Palo Santo oder die Ölmischung gegen Schmerzen. Für Magenbeschwerden nimmt man die Ölmischung für die Verdauung u.a.
5. Warme Kompressen werden bei Knochenverletzungen oder Muskelschmerzen gemacht, kalte Kompressen bei Entzündungen.

Das Zähneputzen

Es gibt kleine Bürsten oder Fingerlinge und eine Spezialzahnpasta für Tiere zu kaufen, denn auch sie bekommen Zahnstein, und ihre Zähne brauchen regelmäßige Pflege. Das Schrubben der Zähne mag wohl so manchem Tier komisch anmuten oder sogar zuwider sein. Um unserem Liebling das Zähneputzen zu erleichtern, empfehlen VeterinärmedizinerInnen eine Ultraschall-Zahnbürste, die speziell für Tiere entwickelt wurde. Sie mag wie eine elektrische Zahnbürste mit einem kleinen Zahnbürstenkopf aussehen, doch verbirgt sich dahinter eine fortschrittliche Technologie.

Diese Zahnbürste ist lautlos und bewegungslos. Sie reinigt die Zähne sanft und gründlich mit Ultraschall und wirkt bis zu zwölf Millimeter tief ins Zahnfleisch, um Zahnfleischentzündungen und Parodontitis sowie Zahnverlust vorzubeugen. Der Bürstenkopf wird ohne zu bürsten für einige Sekunden auf den Zahn gehalten, bevor man zum nächsten Zahn übergeht. Diese Zahnbürste löst das Problem der Zahnsteinbildung ganz ohne stressvolle Narkose. Sie neutralisiert schlechten Atem effektiv und erlaubt unseren Haustieren, bis ins Alter mit gesunden Zähnen beißen zu können. Die Ultraschall-Zahncreme für Tiere enthält kein Gluten, keine Nanomaterialien und kein Mikroplastik. Die Verwendung eines milden antimikrobiellen Öls, wie etwa Copaiba, unterstützt den Reinigungsprozess zusätzlich.

Rezepte: Zecken, Entwurmen, Ohrreinigung, Ölmassage, Hundespray, Shampoo

Trockenshampoo für Hunde

Dieses einfache Rezept stammt aus der Schatzkiste von Dr. Eric Zielinski. Es ist für eine Reinigung und einen frischen Duft zwischendurch schnell und einfach anzuwenden, wenn man keine Zeit für ein Hundebad hat.

- ½ Tasse Kaiser Natron
- ½ Tasse Maisstärke
- 3 Tr. Zitronengras
- 3 Tr. Lavendel
- Glasbehälter mit Puderzuckerstreuer

Anleitung:

1. Man gibt Kaiser Natron und Maisstärke in den Glasbehälter.
2. Fügt ätherische Öle bei und schüttelt das Pulver gründlich.
3. Man beginnt am Nacken und streut das Trockenshampoo auf das Fell. Vorsicht, nicht in die Augen bringen!
4. Das Trockenshampoo wird gut eingerieben.
5. Der Hund schüttelt gewöhnlich den Überschuss ab. Dann bürstet man mit einem Hundekamm oder einer Bürste.

Ein Haferflocken-Shampoo nach Dr. Eric Zielinski:

- 1 Tasse Haferflocken
- ½ EL Vitamin E Öl
- ½ EL Massageöl*
- 1 Tr. Lavendelöl
- 1 Teebeutel grüner Tee
- 1½ Tassen warmes Wasser

Anleitung:

1. Haferflocken und Wasser gründlich mischen.
2. In einem separaten Gefäß Lavendelöl, Vitamin E und Kokosöl mischen.
3. Die Ölmischung gründlich unter den Hafer rühren, den grünen Tee aus dem Teesäckchen in die Masse streuen und nochmals gut umrühren.
4. Dieses Shampoo wird präventiv oder zur Behandlung einmal pro Monat oder öfter verwendet.

* Als Massageöl dienen Avocadoöl, fraktioniertes Kokosöl, Traubenkern-, Jojoba- oder das kostbare Mandelöl.

Dieses selbstgemachte Hundeshampoo hilft auch bei trockener Haut und juckenden Insektenstichen. Das Haferflockenbad ist beruhigend, und der grüne Tee pflegt das Haar.

Ein Floh- und Zeckenspray mit ätherischen Ölen

Um unseren Liebling vor lästigen Parasiten, einschließlich Zecken und der Borreliose-Gefahr, mit natürlichen Mitteln zu schützen, greift man zu einem selbst gemachten Floh- und Zeckenspray mit ätherischen Ölen; denn herkömmliche Produkte sind mit Giftstoffen beladen. Bei Hunden mit Allergien achtet man auf die Reaktion des Tieres zu einem ätherischen Öl. Vorsicht, nicht in die Augen bringen. Ein Zeckenspray ist übrigens auch für Menschen geeignet. Man besprüht damit seine Schuhe und Beine, bevor man Wanderungen oder Ausflüge unternimmt.

Dieses Spray ist für Tiere gedacht, die keine Flöhe haben, sondern die man vor lästigen Insekten schützen will. Für Tiere, die von Flöhen befallen sind, braucht man schon eine stärkere Lösung.

Grapefruitöl stößt Insekten und besonders Zecken ab.

- 2 EL Pflanzenöl (z.B. Kokosöl)
- 1 Tr. Lavendel
- 1 Tr. Grapefruit (Zedernholz für Katzen)
- 1 Tr. Eukalyptus
- 1 Tr. Zitronengras
- 1 Tr. Geranie
- 30 ml Glasflasche

Anleitung:

1. Man mischt die ätherischen Öle mit Kokosöl.
2. Füllt die Mischung in die Glasflasche.
3. Füllt die Flasche mit Wasser voll.
4. Vor Gebrauch gut schütteln.

Nachdem Katzen sensitiv gegenüber Zitrusölen reagieren, nimmt man statt Grapefruit für sie lieber Zedernholz.

Kokosöl wehrt Zecken ab

Innerlich und äußerlich angewandt, vertreibt die im Kokosöl enthaltene Laurinsäure Zecken effektiv. Man massiert das Kokosöl in das Fell ein und gibt 1 TL pro 10 kg Körpergewicht ins Fressen. Ganz nebenbei verleiht Kokosöl auch ein glänzendes Fell. Gibt man zusätzlich 1 Tropfen Grapefruit- oder Zitronengras dazu, ist dieser Schutz eine Barriere für Zecken.

Wie man eine Zecke entfernt:

Um Zecken von seinem Haustier zu entfernen, gibt man 1 Tropfen Pfefferminzöl auf die Zecke. Dann wartet man, bis die Zecke von selbst loslässt. Danach wird sie mit einer Pinzette entfernt. Das Pfefferminzöl erleichtert auch den Juckreiz vom Zeckenbiss.

Ein Report der EPA (US Environmental Protection Agency) über ***Pestizid-Vorfälle*** ergibt:
Mindestens 1.600 Todesfälle von Haustieren gehen auf eine Punkt-Behandlung (am Nacken) mit Pyrethroiden – das sind synthetische Insektizide – zurück, die vor Flöhen und Zecken schützen sollen.

Ein einfaches Spray gegen Fliegen, Gelsen, Flöhe und Kakerlaken

- 50% Wasser
- 50% Essig, weiß
- einige Tropfen ätherisches Öl
- Glassprühflasche

Anleitung:
In eine Sprühflasche gibt man ½ Wasser und ½ Essig sowie einige Tropfen eines ätherischen Öls. Siehe Zeckenspray für eine Auswahl an ätherischen Ölen. Auch Catnip, Pfefferminze und Zitronella eignen sich ausgezeichnet, um Gelsen, Fliegen und Kakerlaken zu vertreiben. Vor Gebrauch gut schütteln.

Dieses einfache und sehr effektive Insektenschutzmittel vertreibt das Ungeziefer auf natürliche Weise, ganz ohne Chemikalien. Bei Flohbefall müssen allerdings alle Hunde und Katzen im selben Haushalt behandelt sowie das ganze Haus gründlich gereinigt, Bettzeug gewaschen und Boden und Sitzpolster abgesaugt werden. (Den Staubsaugersack umgehend entsorgen.) Der Aroma-Diffuser kann hier wie eine „gesunde Flohbombe" dienen.

Dagegen ist das herkömmlich verwendete Permethrin – ein Insektizid, das Flöhe abtöten soll – nicht so harmlos. Permethrin ist der aktive Wirkstoff in sogenannten

Flohhalsbändern sowie in vielen Pudern, Sprays und Shampoos. Dieser Stoff ist jedoch für Katzen hochgiftig, denn diese verfügen nicht über das notwendige Enzym, um diese Gifte im Körper abzubauen. Typische Vergiftungssymptome durch Permethrin bei Katzen sind Symptome wie Zittern, starker Speichelfluss, Krämpfe, Atemnot, aber auch Erbrechen, Durchfall sowie Fieber oder Untertemperatur.

Ein Spray gegen Angst

Wenn sich ein Hund alleingelassen fühlt, wenn man das Haus verlässt, dann hilft ein selbstgemachtes *Spray gegen Angst* dem Tier dabei, sich zu entspannen. Um ihm Sicherheit und Geborgenheit zu geben, kann der Tiersitter ihn verwenden, sollten wir auf längere Zeit verreist sein.

- 60 ml Wasser
- 3 Tr. Lavendel
- 3 Tr. Weihrauch
- 3 Tr. Vetiver
- Glassprühflasche

Anleitung:

1. Man füllt das Wasser und die ätherischen Öle in die Glasflasche.
2. Vor Gebrauch gut schütteln.
3. Man sprüht diese Mischung auf das Fell, auf den Schlafplatz und auf das Spielzeug oder vernebelt die Ölmischung im Aroma-Diffuser.

Desinfektionsmittel für die Hände

- Aloe Vera Gel
- Wasser
- 5 Tr. der Antimikrobiellen Ölmischung
- 5 Tr. Hamamelis (oder Wasser)
- 5 Tr. Vitamin E
- 30 ml Glasflasche mit Sprühaufsatz

Anleitung:

1. Man füllt ¼ der Flasche mit Hamamelis, gibt die gewünschten Öle dazu und füllt mit Wasser auf.
2. Vor Gebrauch gut schütteln.
3. Für ein besonders feuchtigkeitsspendendes Desinfektionsmittel fügt man Vitamin E und Aloe Vera hinzu.

Eine antibakterielle Ölmischung, auch für Katzen und Frettchen geeignet

Veterinärmedizinerin Dr. Nancy Brandt verwendet diese antibakterielle Ölmischung an Katzen und Frettchen.

- Reines Pflanzenöl zum Verdünnen
- 4 Tr. Zypresse
- 2 Tr. Zitronengras
- 3 Tr. Lavendel
- 1 Tr. Zitrone
- 1 Tr. Immortelle

Anleitung:

- Für eine antibakterielle Ölmischung mischt man antibakterielle Öle in ausreichend reinem Pflanzenöl und trägt sie auf leichtere Hautverletzungen auf.

Mundgeruch bei Hunden und Katzen:

- 1 Tr. Zimt
- 3 Tr. Myrrhe
- 3 Tr. Pfefferminze
- 250 ml Sprühflasche mit Wasser

Anleitung:

1. Man füllt eine Sprühflasche aus Glas mit Wasser und fügt die ätherischen Öle hinzu.
2. Vor Gebrauch gut schütteln.
3. Man sprüht die Mischung ins Maul.

Entwurmen bei Hunden und Katzen

- Ölmischung für die Verdauung
- Nahrungsergänzung zum Entwurmen

Anleitung:

1. Hunde fressen diese Ölmischung – verdünnt in reinem Pflanzenöl – in einer Kapsel mit dem Hundefutter mit. Katzen wird sie mit der Zahnstochermethode ins Futter gerührt.
2. Eine natürliche, mit ätherischen Ölen angereicherte, antiparasitäre Nahrungsergänzung zum Entwurmen ist angeraten.

Dr. Melissa Shelton empfiehlt ein spezielles Rezept zum Entwurmen:

- 15 ml Wolfsbeerensaft
- 1 TL destilliertes Wasser
- 1 Kapsel einer antiparasitären Nahrungsergänzung
- 1 Kapsel Grüne Spirulina Algen (siehe Kapitel Nahrungsergänzungen)

Anleitung:

1. Vor Gebrauch gut mischen. Die nicht verwendete Portion im Kühlschrank aufbewahren.
2. Mit der Einnahme bei Vollmond beginnen.
3. Man gibt Hunden und Katzen 2-3 ml dieser Mischung zweimal täglich in das Futter.
4. Mit einer kleinen Menge beginnen und langsam auf die volle Menge von 2-3 ml steigern.
5. Nach einer Woche sollten Stuhlproben überprüft werden, um die Länge der Einnahme zu ermitteln.
6. Sollte sich Durchfall einstellen oder der Appetit nachlassen, reduziert man auf die Hälfte oder beendet das Protokoll.
7. Einige Hunde brauchen eine höhere Dosierung zum Entwurmen.

Die Ohrreinigung

- Antibakterielle Ölmischung
- Pfefferminze

Anleitung:

1. Zur Reinigung der Hunde- und Katzenohren gibt man je 1 Tropfen der Antibakteriellen Ölmischung und Pfefferminze – verdünnt in Pflanzenöl – auf einen Wattebausch und reinigt damit gründlich das Außenohr. (Nicht in den Ohrkanal bringen.)
2. Auch bei Ohrmilben sind diese Öle sehr hilfreich.
3. Bei einer Ohrentzündung kann man zusätzlich an der Unterseite und hinter dem Ohr Lavendel, Weihrauch oder Basilikum auftragen.

Ölmassage für Beulen und Hautgeschwüre

- 10 Tr. Weihrauch
- 10 Tr. Sandelholz
- 5 Tr. Orange
- 5 Tr. Myrrhe
- Pflanzenöl (z.B. Kokosöl)
- 250 ml Flasche

Anleitung:

1. In eine Flasche ätherische Öle und Pflanzenöl füllen und schwenken, bis alles gut vermischt ist.
2. Ein wenig dieser Ölmischung öfters auf die Hautstelle auftragen.

4 Hunde

„Hunde haben alle guten Eigenschaften des Menschen,
ohne gleichzeitig ihre Fehler zu besitzen."
Friedrich der Große

Der kleine Bruder des Wolfes

Zwischen 15.000 und 100.000 Jahren vor unserer Zeitrechnung wurde der wild lebende Wolf domestiziert. Welpen wurden in den Lebensraum des Menschen aufgenommen und nach und nach in die häusliche Lebensweise integriert und sozialisiert. Heute ist der Hund der beste Freund des Menschen. Vorbildliche Treue, bedingungslose Liebe und die Freude seinem „Anführer" uneingeschränkt zu folgen, sind in seinen Genen bereits fest angelegt. Aber diese Fähigkeiten müssen durch Erziehung und liebevolle Betreuung gefördert und geweckt werden.

Ätherische Öle helfen, den Hund liebevoll zu erziehen. Sie beruhigen ihn, indem sie ihm Düfte zufächeln, die ihm Halt und Sicherheit geben. Interessant ist, dass beim Hund 10% seines Gehirns vom Riechhirn dominiert wird. (Beim Menschen macht es nur 1% aus.) Am Gaumen befindet sich sogar ein zusätzliches Riechorgan, mit dem Hunde den Duft „schmecken" können. Dieser Geruch wird sofort an das limbische System weitergeleitet, wo die Gefühle und das Triebleben des Tieres zu Hause sind. Da ist es verständlich, dass Hunde jeden köstlich duftenden Bissen, den wir essen, mit Argusaugen verfolgen und mit Vorliebe unsere ihnen so vertrauten duftenden Socken durch die Wohnung schleifen, oder unsere Schuhe anknabbern.

Das Beißen führt natürlich auf das Zahnen der Welpen zurück. Zwischen der 3. und der 6. Lebenswoche bildet sich das erste Gebiss, und zwischen dem 3. und dem 7. Lebensmonat ist der Zahnwechsel zum bleibenden Gebiss abgeschlossen. In dieser Zeit sind unsere Schuhe in Gefahr sowie unsere Holzkommoden und Sesselfüße. Daher versorgen wir die Kleinen mit einem welpengerechten Knochen oder Beißring, den man mit einer köstlichen Schicht aus stark verdünntem Omega-3 Öl mit einem Hauch Kamillenöl mariniert. Das Kamillenöl hilft Kleinkindern beim Zahnen. Vielleicht schmeckt es ja auch unserem Hund. Sehr beliebt beim Hund sind auch alte Socken, die man zu einem Knoten zusammenbindet und ihn mit einem beruhigenden Duft versieht, der gleichzeitig das Unbehagen des Zahnens erleichtern hilft.

Zwischen der 3. und 12. Lebenswoche ist die wichtigste Sozialisationsphase des Hundes, wo er das Zusammenleben mit anderen Tieren und dann mit Menschen erlernt. Durch den Tastsinn – die Berührung, das Hinaufspringen, die Nähe zum Menschen – geht der Haushund emotionale Bindungen zu seinen Lebensgefährten ein. Es ist wissenschaftlich erwiesen, dass die Berührung einer liebevollen Hand, das Kraulen hinter den Ohren oder das Streicheln des Bauches den Hund beruhigt, seinen Puls sinken lässt, und seine Hyperaktivität ausgleicht. Kann er bis zur 14. Lebenswoche die Körpersprache des Menschen nicht deuten, dann soll er fortan weder erziehbar noch trainierbar sein. Seine sozialen Fähigkeiten „werden auch nur durch lebenslange Interaktion" mit dem Menschen aufrechterhalten. Um also eine starke Bindung mit unserem Hund zu unterstützen, sind ätherische Öle, die das Gemüt anheben und die Gefühle anregen – wie Tannenduft oder Rosengeranie – sehr hilfreich. Man vernebelt sie im Hintergrund, stark verdünnt, mehrmals am Tag für kurze Zeit. Wie ein schützender Geist aus der Flasche entweicht der Duft der Öle dem Aroma-Diffuser und schwebt unbemerkt im Raum, um Geborgenheit, Sicherheit und Anhänglichkeit zu wecken.

Die häufigsten Probleme bei Hunden

Symptom – Ursache – Behandlung – Prävention

Allergie:

Symptome: Vielschichtig: Nahrungs-, Umwelt- und emotionale Allergene
Ursache: Hyperaktives Immunsystem

Behandlung:

1. Eine Rückenmassage mit folgenden hochwirksamen ätherischen Ölen: Oregano, Thymian, Basilikum, Zypresse, Wintergrün, Majoran und Pfefferminze. Bei kleinen Tieren werden diese Öle mit reinem Pflanzenöl stark verdünnt und nur tropfenweise aufgetragen. Bei großen Tieren, wie Pferden und anderen Huftieren, werden die einzelnen Öle nacheinander eingearbeitet. (Dr. Melissa Shelton wendet diese Öle statt Steroiden an.)
2. Ätherische Öle: Basilikum, Ocotea, Lavendel, Ledum, Antimikrobielle Ölmischung
3. Nahrungsergänzung: Sulfur-MSM, Omega-3
4. Vernebeln: Antimikrobielle Ölmischung

Prävention:

1. Gesunde Ernährung
2. Umgebung frei von Giftstoffen

Arthritis:

Symptom: Schmerzende Glieder
Ursache: Mangelhafte Ernährung u.a.

Behandlung:
Dr. Melissa Shelton empfiehlt das folgende Programm, das sie erfolgreich in ihrer Praxis statt herkömmlichen NSAID Entzündungshemmern einsetzt:

1. Nahrungsergänzung: Copaiba, Wolfsbeerensaft, Omega-3, Sulfur-MSM, Nahrungsergänzung für Knochen, Sehnen und Muskeln
2. Mit Copaiba streicheln
3. Andere Öle: Balsamtanne, Weihrauch, Immortelle, Lavendel, Zitronengras, Pfefferminze, Wintergrün, Ölmischung gegen Schmerzen

Prävention: Gesunde Ernährung, gemäßigter Sport (Verletzungsgefahr vermeiden)

Copaiba brachte einem an Arthritis leidenden Hund neue Lebensfreude

„Das ist Mia", stellte Robert mir seine kleine Chihuahua-Dame vor, als sich unsere Hunde beim Gassigehen gegenseitig beschnupperten. Sie bewegte sich auffällig langsam und schien ihren rechten Hinterlauf etwas nachzuziehen. „Sie hat ein geschwollenes Gelenk, man darf gar nicht einmal herankommen. Sie muss ziemliche Schmerzen haben und will nicht einmal mehr spazieren gehen." Weiterhin erzählte mir Robert: „Wir waren bei der Tierärztin. Sie hat eine schwere Gelenkentzündung diagnostiziert." „Was hat sie dir denn geraten?", fragte ich Robert interessiert.

„Sie hat gesagt, ich solle zweimal täglich 1-2 Tropfen **Copaiba** über den Tag verteilt in ihr Fressen rühren, denn dieses Öl hat eine besonders starke entzündungshemmende Wirkung und ist gleichzeitig sehr mild."

Als ich Robert nach einiger Zeit beim Gassigehen wiedertraf, kam ich aus dem Staunen nicht heraus. Mia lief voran, zog an der Leine und man konnte ihr die Freude ansehen, endlich wieder laufen zu können. Robert strahlte: „Schau nur, wie agil sie ist. Die Tropfen haben gewirkt! Wer hätte gedacht, dass sie wieder so fit wird. Sie konnte ja schon seit drei Jahren nicht mehr ohne Schmerzen laufen."

TIPP ZUR ANWENDUNG

Wie du Copaiba bei Haustieren mit Arthritis anwendest:

1. Ätherisches Öl: Copaiba
2. Anwendung: 1-2 Tropfen Copaiba ins Essen geben.
3. Streicheln: 1 Tropfen Copaiba in den Händen verreiben und damit über Läufe und Rücken streicheln.

Dieses Öl wurde verwendet:
Copaifera reticulata

Cushings-Syndrom:

Symptome:

- Durst, Inkontinenz
- Blutergüsse, Haarausfall
- Hecheln, Reizbarkeit und Unruhe
- Gewichtszunahme

Ursachen:

- Nebenniereninsuffizienz
- Überproduktion von Cortisol (Stresshormon)

Behandlung:

1. Nahrungsergänzung: Dr. Shelton empfiehlt: Weihrauch, Fenchel und Muskatellersalbei in der Früh und Balsamtanne und Copaiba am Abend ins Fressen gerührt.
2. Ölmischung für Drüsen: Grüne Minze, Myrte, Salbei, Geranie
3. Weitere Nahrungsergänzungen: Wolfsbeerensaft, Omega-3, Sulfur-MSM

Prävention:

1. Jährliche Blutwerte
2. Ausgewogenes, entzündungshemmendes Nassfutter; kein Getreide, Korn und Kohlenhydrate. Kohlenhydrate setzen Insulin frei. Insulin setzt Cortisol frei.
3. Mit dem Hund täglich spielen und trainieren, um Stress abzubauen und die Freisetzung von Glückshormonen (Endorphinen) zu fördern.

Durchfall:

Symptom:

- Durchfall

Bei Fieber, Schwäche und Blut im Stuhl die Tierheilpraxis aufsuchen.
Welpen sofort zur Tierheilpraxis bringen. Es besteht die Gefahr der Austrocknung.

Ursachen:

- Bakterielle, virale oder parasitäre Infektion
- Ernährungsumstellung
- Vergiftung
- Psychisch bedingte Faktoren
- Unerwünschte Arzneimittelreaktion, z.B. auf präventive Herzwurmmedikation

Behandlung:

1. Starker Durchfall ist ein medizinischer Notfall. Tierarztpraxis aufsuchen.
2. 24-Stunden-Fasten, Diät, Schonkost
3. Reines Wasser, Wasser mit Zitronenöl
4. Streicheln, massieren, bürsten mit Zitronenöl
5. Nahrungsergänzung: Ölmischung für die Verdauung, Zitrone, Pfefferminze, Antimikrobielle Ölmischung, Sulfur-MSM, Probiotikum.

Prävention:

1. Gesunde Ernährung
2. Langsame Ernährungsumstellung
3. Auf Gefahren-Potenziale achten (z.B. Vergiftung durch chemische Putzmittel)

Epilepsie bei Hunden:

Symptome:

- Auf der Seite liegen
- Streckkrämpfe
- Mit den Beinen rudern

Ursachen:

- Erbkrankheit, die gehäuft bei Rassen wie Golden Retriever, Labrador Retriever, Collie oder Beagle vorkommt.
- Entzündung des Gehirns
- Leber- oder Nierenerkrankung
- Vergiftung

Behandlung:

1. Man vernebelt Balsamtanne und Jasmin bis zu 24 Stunden am Tag.
2. Nahrungsergänzung während des Anfalls: Lavendel, Baldrian, römische Kamille.
3. Streicheln mit Weihrauch, Balsamtanne und Jasmin, täglich.
4. ACHTUNG, diese Öle sind bei Epilepsie zu meiden: Basilikum, Fenchel, Ysop, Salbei, Estragon und Wintergrün.
5. Nahrungsergänzung: Grüne Spirulina Algen, Wolfsbeerensaft, Omega-3, Sulfur-MSM

Mein Hund hat keine epileptischen Anfälle mehr (Lavendel, Weihrauch)

Mein schöner Border Collie Dingo war sechs Jahre alt, als er begann, epileptische Anfälle zu bekommen. Wir brachten ihn zum Tierarzt, der uns erklärte: „Das ist ein Merkmal dieser Rasse. Border Collies bekommen schon epileptische Anfälle. Wenn er einmal Medikamente erhält, muss er diese für den Rest seines Lebens nehmen." Das wollte ich nicht. Ich wollte nicht, dass mein Hund ein Leben lang von Medikamenten abhängig ist. Also ging ich heim und schaute in meinem Handbuch für Aromapflege nach. Da stand: „**Lavendel** und **Weihrauch** wirken beruhigend und krampflösend." Ich nahm also täglich einen Tropfen Lavendel in meine Hand und streichelte damit seinen Kopf.

Beim nächsten Anfall gab ich einen Tropfen Weihrauch auf seine Krone. Die Anfälle schienen alle drei bis vier Wochen zu kommen. Schon beim dritten Anfall bemerkte ich, dass Dingo ziemlich präsent war und die Symptome leichter schienen. Das war vor sechs Monaten. Seither hatte mein Hund keinen Anfall mehr. Jetzt nehme ich Weihrauch etwa einmal im Monat als Präventivmaßnahme.

TIPP ZUR ANWENDUNG

Wie ätherische Öle epileptische Anfälle lindern helfen:

- Ätherische Öle: Lavendel und Weihrauch
- Anwendung: Lavendel und Weihrauch auf die Krone des Kopfes reiben.

Diese Öle wurden verwendet: Lavandula angustifolia, Boswellia carteri

Flöhe, Ungeziefer:

Symptome:

- Juckreiz
- Irritierte Haut
- Haarausfall

Ursachen:

- Blutsauger
- Reinlichkeit

Behandlung:

1. Fellpflege, Flohkamm. Alle Tiere im Haushalt müssen behandelt werden.
2. Streicheln mit einer Antibakteriellen Ölmischung.
3. Bad und Fellpflege mit einer Antimikrobiellen Ölmischung.
4. Gründliche Reinigung, Wäsche waschen, staubsaugen, ätherische Öle vernebeln, z.B. eine Antimikrobielle Ölmischung, oder Lavendel, Zitrone, Zitronengras, Pfefferminze, Zypresse, Eucalyptus globulus, Zimt, Thymian, Basilikum, Zitronella.

Prävention:

1. Gesunde Ernährung, Nahrungsergänzung
2. Fellpflege, Insektenschutzmittel mit ätherischen Ölen
3. Sauberkeit

Hautausschlag, Beulen:

Symptome:

- Allergische Reaktionen
- Juckreiz, Hautirritation

Ursachen:

- Umweltgifte
- Parasiten, Milben, Hefepilze
- Mangelernährung

Behandlung:

1. Antimikrobielles Spray: 120 ml Sprühflasche aus Glas, 1 EL Massageöl, 5 Tr. Antimikrobielle Ölmischung, 5 Tr. Antibakterielle Ölmischung, 3 Tr. Zitronengras, 4 Tr. Copaiba, mit Wasser auffüllen, vor Gebrauch gut schütteln. Die Menge der verwendeten ätherischen Öle je nach Größe des Tieres anpassen.
2. Antimikrobielles Shampoo (Shampoo mit einigen Tropfen der Antimikrobiellen Ölmischung)
3. Nahrungsergänzung: Omega-3, Antimikrobielle Ölmischung

Herzwurmerkrankung, Prävention:

Symptome:

- Ermüdung
- Atemnot
- Husten

Ursache:

- Parasitäre Erreger, infizierte Gelsen u.a.

Behandlung-Prävention:

1. Nahrungsergänzung: Ölmischung für die Verdauung, Wolfsbeerensaft für ein starkes Immunsystem. (Die Medizin gegen Herzwurmerkrankung ist potenziell tödlich, sagt die American Veterinary Medical Association.) Die Nebenwirkungen von Ivermectin, dem aktiven Wirkstoff dieser Präventivmedizin, die Parasiten lähmt und tötet, sind zu zahlreich, um sie hier aufzuzählen. Antiparasitäre ätherische Öle hingegen wirken auf ganz natürliche Art und Weise.
2. Antibakterielle Ölmischung als Insektenspray äußerlich anwenden (statt eines kommerziellen Floh-Zecken-Mittels).
3. Ätherische Öle vernebeln: Basilikum, Pfefferminze, Ingwer, Eukalyptus, Zitronengras, Gewürznelke, Thymian, Ölmischung für die Verdauung, Antibakterielle Ölmischung, Antimikrobielle Ölmischung.

Husten, Zwingerhusten:

Symptom:
- Husten

Ursachen:
- Bakterielle und virale Atemwegsinfektion

Behandlung:
1. Aroma-Diffuser: Die Antimikrobielle Ölmischung vernebeln.
2. Ätherische Öle: Copaiba, Lavendel, Pfefferminze, Eukalyptus, Melaleuca alternifolia, Majoran, Rosmarin, Zitrone, Zitronengras, Antibakterielle Ölmischung, Antimikrobielle Ölmischung.
3. Rückenmassage mit Copaiba und Eukalyptus anwenden.

Prävention:
Stärkung des Immunsystems u.a.

Juckender, stinkender Hund – Hefepilzinfektion:

Symptome:
- Kratzen, Jucken
- Hautausschlag, Hotspots
- Ohrenentzündungen
- Hefepilzüberwucherung

Ursachen:
- Toxische Überbelastung im Blut
- Stress

Behandlung:
1. Ursache finden und entfernen. (Allergie-Medikamente, Antibiotika, Zucker im Hundefutter etc.)
2. Unterstützung des Immunsystems durch ätherische Öle und Nahrungsergänzungen.
3. Gesunde Ernährung, kein Zucker, wenig Kohlenhydrate, etwas Knoblauch, Oregano.
4. Desinfizieren von abgestorbenen Hefepilzen durch antimikrobielle Waschungen ist wichtig. Betroffene Ohren werden täglich desinfiziert. Pfoten und die Nase sind die einzigen Orte, wo der Hund schwitzt. Daher müssen Hefepilz-befallene Pfoten täglich desinfiziert werden. Man stellt die Pfoten ins Wasser, statt die Pfoten nur abzuwischen.
5. Fußbad und Einreibungen werden mit antiseptischen ätherischen Ölen gemacht.
6. Ätherische Öle mit antifungaler Wirkung: Zitronella, Eucalyptus, Geranie, Zitronengras, Orange, Patschuli, Pfefferminze, Antiseptische Ölmischung.
7. Nahrungsergänzung: Sulfur-MSM, Wolfsbeerensaft, Weihrauch

Prävention:
1. Gesunde Ernährung
2. Unterstützung des Immunsystems durch Nahrungsergänzung u.a.

Katarakt bei Hunden:

Symptome:

- Eine trübe Schicht im Auge
- Reiben der Augen u.a.

Ursachen:

- Mangelhafte Ernährung
- Augenverletzung
- Infektion

Behandlung:

1. Nahrungsergänzung: Wolfsbeerensaft, Omega-3, Sulfur-MSM, Grüne Spirulina Algen.
2. Ätherische Öle: 10 Tr. Zitrone, 5 Tr. Zypresse, 3 Tr. Eucalyptus radiata stark verdünnt in großen Kreisen um die Augen auftragen, das Fell streicheln, oder auf den Rücken auftragen.

Prävention:

Gesunde Ernährung und Lebensweise

Luxation, Patellaluxation:

Symptome:

- Hinken auf 3 Beinen
- Schmerzen
- Die Kniescheibe springt aus der Führung

Ursache:

- Erbanlage (bei Chihuahua, Yorkshire Terrier, Jack Russell Terrier und anderen Rassen)
- Fehlstellung des Kniegelenks

Behandlung:

1. In der Tierheilpraxis einrenken lassen, Kniestütze/Bandage anlegen.
2. Nahrungsergänzung für Knochen, Sehnen und Muskeln, Sulfur-MSM, Omega-3, Wolfsbeerensaft
3. Ätherische Öle: Balsamtanne, Copaiba, Palo Santo, Lavendel, Weihrauch, Wintergrün, Ölmischung gegen Schmerzen – mehrmals täglich das Knie damit streicheln.
4. Physiotherapie zum Muskelaufbau

Prävention:

1. Nahrungsergänzung
2. Training der Gelenke
3. Stützbandage

Muskelschwund:

Symptome:

- Muskelatrophie, Muskeldystrophie
- Muskel- und Konditionsverlust

Ursachen:

- Mangelnde Bewegung (z.B. wegen Schmerz)
- Nähr- und Mineralstoffmangel (Enzymmangel)

Behandlung:

1. Massieren (streicheln) mit Majoran und Lavendel
2. Nahrungsergänzungen: Wolfsbeerensaft, täglich
3. Bewegungstherapie

Prävention:

1. Gesunde Ernährung
2. Nahrungsergänzungen
3. Bei Pferden Grundmessung und Sattelüberprüfung

TIPP ZUR ANWENDUNG

Wie der Wolfsbeerensaft Muskelschwund bei meinem Hund stoppte:

- **Nahrungsergänzung:** Wolfsbeerensaft (auch Gojisaft genannt)
- **Anwendung:** Je nach Größe des Tieres von 1 Tropfen bis zu 30 ml täglich, entweder im Wasser oder mit der Nahrung verabreichen.

Nässende Wunden:

Symptom:

- Schwer heilende, offene, nässende Hautläsion

Ursachen:

- Hautirritation (z.B. Halsband)
- Wunde durch Kampf

Behandlung:

1. Mildes Hautspray: 120 ml Sprühflasche, 5 Tr. Copaiba, 5 Tr. Lavendel, 5 Tr. Melaleuca alternifolia, mit destilliertem Wasser auffüllen. Vor Gebrauch gut schütteln.
2. Stelle mit antimikrobieller Seife (Flüssigseife mit Antimikrobieller Ölmischung) waschen.
3. Ätherische Öle: Kamille, Narde, Ingwer
4. Nahrungsergänzung: Sulfur-MSM, Omega-3

Prävention:

1. Mit dem Antimikrobiellen Shampoo baden.
2. Fellpflege mit Copaiba, Lavendel und der Antimikrobielle Ölmischung

Wunde Stelle am Schwanzansatz meines Rottweilers (Lavendel, Kamille)

Emma hatte einen stattlichen Rottweiler namens Samba, der sie auf Schritt und Tritt begleitete. Er war ihr Beschützer, und sie liebte ihn dafür. In letzter Zeit leckte er aber immer wieder sein Hinterteil. Emma fand eine wunde Stelle an der Basis seines Schwanzes.

„Das muss jucken wie verrückt, sonst würde der Arme sich nicht so wundlecken. Was soll ich nur mit der Wunde tun?", fragte sie mich unsicher und hielt ihren Samba am Halsband fest, damit er nicht weiter an der Wunde herumleckte. „Zuerst trocknen wir die nässende Stelle ab, und dann geben wir ein wenig **Lavendel** und **römische Kamille** darauf", schlug ich vor.

Als sie mich bereits drei Stunden später anrief, war sie überglücklich. „Die Rötung hat sich bereits deutlich beruhigt, und der Hund leckt die Wunde nicht mehr!" Ich freute mich. „Jetzt ist er nicht mehr von diesem schrecklichen Juckreiz geplagt", sagte ich, und fügte hinzu: „Mache aber mit der Anwendung weiter, in einigen Tagen wird die Wunde bestimmt ausgeheilt sein."

Obsessives Lecken:

Symptome:

- Zwanghaftes Lecken
- Juckreiz, Schmerz

Ursachen:

- Allergie zu Nahrung
- Allergie auf Umweltgifte

Behandlung:

- Lavendel in Kokosöl auf die Stelle auftragen.

Prävention:

1. Gute Ernährung, Nahrungsergänzungen
2. Giftfreie Umwelt

TIPP ZUR ANWENDUNG

Wie ätherische Öle Wunden versorgen:

- Ätherische Öle: Lavendel und Römische Kamille
- Anwendung: Öle auf die Stelle auftragen.

Diese Öle wurden verwendet: Lavandula angustifolia, Chamaemelum nobile

Geschwulst am Hund:

Symptome:

- Gewächs, unkontrolliertes Zellwachstum
- Schwellung
- Wasseransammlung

Ursachen:

- Ernährung
- Lebensweise

Behandlung:

1. Äußerlich Weihrauch, Copaiba und Pfefferminz auf die Hautstelle auftragen.
2. Andere Öle: Grapefruit, Lavendel, Zitrone
3. Nahrungsergänzung: Wolfsbeerensaft, Omega-3.

Prävention:

- Ernährung
- Lebensweise

Hund mit Geschwulst und sein Weihrauchöl

Unserer Hündin Kelly, fünfzehn Jahre alt, wurde im April ein Krebsgeschwür aus ihrer Wirbelsäule entfernt. Danach ging es ihr gut und sie konnte wieder gehen. Im August bemerkten wir einen großen Tumor an der Seite ihres Bauches, und sie hatte Schwierigkeiten beim Gehen. „Wir müssen wieder operieren", sagte der Tierarzt, nachdem er die Geschwulst abgetastet hatte. Doch ich wollte nicht, dass sie wieder operiert wurde, und so begann ich nach einem natürlichen Mittel zu suchen. Ich durchsuchte das Internet und stieß auf die Website einer Tierheilpraktikerin, die ich kurzerhand anrief und ihr mein Problem schilderte.

Sie riet mir, den Anweisungen meines Tierarztes zu folgen und zusätzlich ein hochwirksames Weihrauchöl aufzutragen: „Das **Weihrauchöl** stimuliert das Immunsystem und besitzt starke antitumorale Eigenschaften." Sie sagte: „Reiben Sie den Tumor dreimal am Tag mit einem Tropfen Weihrauchöl ein."

Ich besorgte das empfohlene Weihrauchöl und begann sofort mit der Anwendung. Ich rieb dreimal am Tag damit den Tumor ein. Nach drei Tagen war die Geschwulst nur mehr halb so groß. Der Hund konnte wieder gehen, und der Tumor war innerhalb einer Woche völlig verschwunden. Kelly musste nicht wieder operiert werden.

TIPP ZUR ANWENDUNG

Wie Weihrauch bei Hautgeschwüren wirkt:

- Ätherisches Öl: Weihrauch
- Anwendung: Das Weihrauchöl täglich auf die Stelle auftragen.

Dieses Öl wurde verwendet:
Boswellia carteri

Erfahrungsberichte von Hundebesitzern

Rosmarinöl kann beides: Die Nerven beruhigen und den Geist hellwach machen

Ich hatte Stress, weil ich für eine wichtige Prüfung lernte. Wenn die Konzentration nachließ, langte ich nach meinem Fläschchen **Rosmarinöl** und schnupperte daran. Rosmarin soll ja bekanntlich das Gedächtnis stärken.

Als ich wieder einmal nach meinem Fläschchen griff, stand plötzlich meine Border Collie Hündin Rosi neben mir und schnupperte sehr interessiert an dem Fläschchen. Ich gab einen Tropfen in die Handfläche, verrieb das Öl kurz mit der zweiten Hand und streichelte damit ganz langsam ihren Rücken entlang. Rosi ließ es sich gefallen, und nach einer kurzen Streicheleinheit ging sie an ihren Platz zurück.

Wenige Minuten später stellte ich erstaunt fest, dass die Hündin entspannt schlief. Das war mehr als ungewöhnlich, denn die junge und „aufgedrehte" Rosi war normalerweise kaum zu beruhigen. Die meiste Zeit lief sie aufgeregt hin und her und suchte nach Beschäftigung.

Ich fand das sehr eigenartig. Daher griff ich zu meinem Nachschlagewerk über ätherische Öle, um herauszufinden, warum Rosmarin mich wach und munter machte und dasselbe Rosmarinöl Rosi so beruhigte, dass sie davon einschlief. Dann las ich, dass Rosmarin auch Leuten hilft, die nicht wissen wohin mit ihrer Energie und ständig hyperaktiv sind. Die bekommen die wohltuende Wirkung des Rosmarinöls auf die Nerven zu spüren. Rosmarin wandelt den Stress und die Hyperaktivität in beruhigenden Schlaf um.

Rosmarin kann also mehr. Es steigert einerseits die Gedächtnisleistung und macht hellwach; und andererseits schenkt es bei nervlicher Überlastung den wohlverdienten Schlaf.

TIPP ZUR ANWENDUNG

Rosmarinöl kann beides: Die Nerven beruhigen und den Geist hellwach machen:

- Ätherisches Öl: Rosmarin
- Anwendung: 1 Tropfen Rosmarinöl in das Fell streicheln.

Dieses Öl wurde verwendet:
Rosmarinus officinalis

Der verrückte Lover und das Lavendelöl

Mein Rassehund Zak wurde ganz verrückt, als ich ihm ein läufiges Weibchen zum Züchten ins Haus holte. Obwohl sie in einem anderen Teil des Hauses war, konnte er weder essen noch schlafen oder sich beruhigen. Eine andere Hundezüchterin erzählte mir von den Wirkungen ätherischer Öle und den Ölmischungen, die sie verwendete. Sie gab mir ein Fläschchen einer Ölmischung aus **Kamille, Mandarine, Orange, Patschuli** und **Ylang Ylang** und sagte mir, wie ich es verwenden sollte.

Ich rieb eine kleine Menge davon auf die Fußballen von meinem Hund Zak und den Rest, der noch an meinen Händen war, über seine Brust und seine Vorderläufe. Er wurde viel ruhiger. Dann mischte ich noch etwas Lavendelöl in Wasser und besprühte damit seinen Schlafplatz. Das beruhigte ihn schließlich ganz.

TIPP ZUR ANWENDUNG

Wie ätherische Öle in allen Lebenslagen beruhigen können:

- Ätherische Öle: Lavendel oder die Beruhigende Ölmischung (Kamille, Mandarine, Orange, Patschuli und Ylang Ylang)
- Anwendung: Öle auf Fußballen und Vorderläufe sowie in das Fell reiben.

Diese Öle wurden verwendet:

- Lavandula angustifolia
- Beruhigende Ölmischung: Chamaemelum nobile, Citrus reticulata, Citrus sinensis, Pogostemon cablin, Cananga odorata

Jeden Winter bekommt mein Hund eine trockene Haut und schuppige, kahle Stellen (Lavendel, Weihrauch, Copaiba, Teebaumöl)

Mein Pelz-Baby Buster hatte trockene, schuppige Haut und einige kahle Stellen. Der Zustand trat gewöhnlich während der Wintermonate auf. Ich versuchte alles, was der Tierarzt empfohlen hatte, einschließlich medizinischen Shampoos und Pillen, um meinem Hund bei seinen Allergien zu helfen. Leider schien nichts zu helfen, bis ich mit diesen hochwirksamen ätherischen Ölen begann: **Lavendel, Weihrauch, Copaiba** und **Teebaumöl**.

Dies ist das **Rezept**, das ich verwendet habe:

- 4 EL Bio-Kokosöl
- 2 Tr. Lavendel
- 2 Tr. Weihrauch
- 2 Tr. Copaiba
- 2 Tr. Teebaum

Ich rührte die Zutaten für etwa zwei Minuten im Mixer und füllte die Mischung dann in ein Glasgefäß mit Schraubverschluss, das ich an einem dunklen Ort aufbewahrte. Obwohl diese Mischung fest wurde, musste ich nur mit den Fingern in das Glas tauchen. Das Gemisch schmolz dann von der Wärme meiner Hände zu einem streichfähigen Öl, das ich zweimal täglich auf Busters Haut massierte. Nach zwei Wochen der Anwendung ist seine Haut jetzt frei von jeder Rötung. Er hat keine schuppige Haut mehr, und neue Haare wachsen bereits an den kahlen Stellen nach.

TIPP ZUR ANWENDUNG

Wie eine Ölmischung aus Lavendel, Weihrauch, Copaiba und Teebaumöl dabei hilft, die Haut zu regenerieren:

- Ätherische Öle: Lavendel, Weihrauch, Copaiba und Teebaumöl
- Anwendung: Ätherische Öle in Bio-Kokosöl mischen und auf die zu pflegenden Hautstellen auftragen.

Diese Öle wurden verwendet: Lavandula angustifolia, Boswellia carteri, Copaifera reticulata, Melaleuca alternifolia

Ein Bienenstich in der Tatze und das Lavendelöl

Ich habe meinen Hund Xaya schon von klein auf. Sie ist eine große, pelzige Labrador-Chow-Mischung oder ein „Chowbrador", wie ich sie nenne. Auf jeden Fall ist ihr Pelz schwarz und aufgrund ihres genetischen Make-ups sehr dick. Sie war gestern mit mir draußen im Garten, und ich sah, wie sie plötzlich aufhüpfte und eine Biene aus ihrer Pfote davonflog. Die Pfote begann sofort anzuschwellen, und Xaya konnte kaum ins Haus humpeln.

Ich wählte reines Lavendelöl für seine entzündungshemmenden und schmerzstillenden Eigenschaften aus meinem Erste-Hilfe-Schrank aus. Wegen ihres dicken, dunklen Fells konnte ich die genaue Einstichstelle nicht finden. Aber aus ihrer Reaktion konnte ich ungefähr die Stelle ausfindig machen, die gestochen war.

Ich nahm ein paar Tropfen **Lavendelöl** und rieb es über den schmerzhaften Bereich ihrer Pfote, und es gelangte trotz des dichten Felles auf die Haut. Natürlich leckte Xaya das Öl ab, sobald ich sie für eine Sekunde alleine ließ. Ich saß bei ihr und streichelte sie. Der Duft und der Genuss des Lavendelöls hatten sie beruhigt, wie auch mich! Nach fünf Minuten war sie in der Lage, zu ihrem Wassernapf zu gehen, ohne viel zu hinken. Nach dreißig Minuten konnte man kaum merken, dass ihr etwas gefehlt hatte, und 95% der Schwellung waren bereits zurückgegangen. Wir hatten das Öl nur einmal angewendet, doch meine Xaya war ganz ohne Schmerzen.

TIPP ZUR ANWENDUNG

Wie Lavendelöl die Schwellung nach einem Bienenstich abklingen lässt:

- Ätherische Öle: Lavendel
- Anwendung: Lavendelöl auf die Stelle auftragen.

Dieses Öl wurde verwendet: Lavandula angustifolia

Rockys Zyste hat sich innerhalb kurzer Zeit mit Weihrauchöl aufgelöst!

Ich hatte gerade ätherische Öle kennengelernt und einige Öle gekauft, um der Tochter meiner besten Freundin eine Freude zu machen, als ich eine harte Zyste hinter Rockys Ohr bemerkte! Sie war fest und hatte die Größe einer Erbse. Man konnte sie in der Haut hin und her rollen. Ich beobachtete die Zyste etwa eine Woche lang, und sie wuchs. Ich wusste, dass das Entfernen eine Operation bedeuten würde.

Ich hatte die Öle noch in der Box, als ich im Internet Berichte über Weihrauch und Zysten las. So begann ich morgens und abends einen Tropfen **Weihrauchöl** auf die Zyste zu reiben. Zu meinem Erstaunen wurde die Zyste kleiner und kam an die Oberfläche, so dass ich sie nach und nach vorsichtig abkratzen konnte. Nach etwa fünf Wochen war die Zyste komplett verschwunden. Es ist jetzt schon Monate her, und sie ist seitdem nicht wiedergekommen.

TIPP ZUR ANWENDUNG

Wie Weihrauchöl eine Zyste auflöst:

- Ätherisches Öl: Weihrauch
- Anwendung: Weihrauch morgens und abends auf die Zyste auftragen.

Dieses Öl wurde verwendet: Boswellia carteri

Mein Hund fürchtet sich vor einem Gewitter (Lavendel)

Mein kleiner Hund Angi hat Angst vor Gewittern. Sie zittert und keucht die ganze Zeit, wenn es draußen stürmt und tobt. Eines Tages, während eines Gewitters, dachte ich darüber nach, welch beruhigende und entspannende Wirkung **Lavendelöl** auf mich hat. Ich konnte jedesmal wunderbar einschlafen, wenn ich daran roch. Da dachte ich mir, es könnte doch auch bei Angis Nervosität helfen. Ich nahm zwei Tropfen auf meine Hand, verrieb sie und massierte damit ihren Kopf und ihren Rücken bis zum Schwanz entlang. Nach etwa zehn Minuten legte sich Angi zur Ruhe und schlief fest, obwohl das Gewitter draußen noch voll im Gange war.

TIPP ZUR ANWENDUNG

Wie Lavendelöl einen ängstlichen Hund beruhigt:

- Ätherisches Öl: Lavendel
- Anwendung: Lavendel auf Kopf, Nacken und Rücken einstreicheln.

Dieses Öl wurde verwendet: Lavandula angustifolia

Mein Hund liebt Öle, und sie helfen seinem Blutdruck (Ylang Ylang und Copaiba)

Mein Hund liebt die Öle. Wir glauben, dass er hohen Blutdruck hat, weil seine Augen rot werden, besonders nachdem wir mit ihm Ball spielen. So haben wir mit Ölen experimentiert.

Einige Öle, wie z.B. Grapefruit, treiben ihn zur Raserei. Er hasst den Duft eindeutig und kann sich nicht beruhigen, bis der Geruch verblasst.

Allerdings scheint er **Ylang Ylang** und **Copaiba** richtig zu lieben. Ich habe versucht, ein paar Tropfen von beiden Ölen aufzutragen – 1-2 Tropfen auf die Schulter und 1-2 Tropfen auf die Hüften – und er steht da und lässt mich gewähren. Wenn ich einmal vergessen habe, ihn einzureiben, folgt er mir, um mich daran zu erinnern.

TIPP ZUR ANWENDUNG

Blutdruck und die ätherischen Öle Ylang Ylang und Copaiba:

- Ätherische Öle: Copaiba und Ylang Ylang
- Anwendung: Ein wenig von den Ölen auf Schultern und Hüften auftragen.

Diese Öle wurden verwendet: Copaifera reticulata, Cananga odorata

Harninkontinenz bei unserem alternden Hund (Copaiba)

Wir haben einen 14-jährigen schwarzen Labrador-Husky Mischling, der im Alter von zwölf Jahren begann, eine „undichte Blase" zu bekommen. Unser Tierarzt sagte, er könnte operieren, aber der Hund würde wahrscheinlich für den Rest seines Lebens auf Medikamente angewiesen sein.

Wir fühlten uns bei diesem Gedanken nicht wohl, schauten in einigen Bücher nach und beschlossen, das ätherische Öl **Copaiba** in sein Futter zu geben und auf seinen Bauch zu reiben. Innerhalb weniger Tage mussten wir keine Urinflecken mehr vom Boden wegputzen!

Nach etwa zwei Monaten täglicher Anwendung von Copaiba im Futter und als Einreibung verringerten wir die Anwendung auf jeden zweiten Tag, dann auf jeden vierten Tag, und jetzt reiben wir das Öl als Vorbeugung nur mehr zweimal pro Monat in ihr Fell und geben es in ihr Essen, denn sie hat keine Probleme mehr.

TIPP ZUR ANWENDUNG

Wie Copaiba Harnproblemen begegnet:

- Ätherisches Öl: Copaiba
- Anwendung: Ein wenig Copaiba ins Essen mischen und einreiben.

Dieses Öl wurde verwendet: Copaifera reticulata

Copaiba für einen eitrigen Hundezahn

Mein 5-jähriger Jack Russell Terrier hat einen ausgebrochenen Zahn. Einen großen Molar zu entfernen ist kein Spaß. Unser ganzheitlicher Tierarzt sagte uns, den Zahn im Auge zu behalten, da die Entfernung des Zahns eine ernsthafte Operation sei.

Wir beobachteten ihn genau, aber eines Morgens wachte der Hund mit einem geschwollenen Gesicht auf. Nach der Kontrolle stand fest, dass sein gebrochener Zahn infiziert war. Ich rieb ein paar Mal an diesem Tag einen Tropfen **Copaiba** direkt auf die entzündete Stelle und gab einen Tropfen mit Pflanzenöl verdünnt in eine Kapsel, die ich ihm morgens und abends verfütterte. Am nächsten Morgen war die Schwellung fast ganz weg. Ich setzte die Anwendungen noch etwa drei bis vier Tage fort, und am Tag fünf waren die Schwellung und die Infektion völlig verschwunden. Es waren seit den letzten zehn Monaten keine Anzeichen einer weiteren Infektion mehr festzustellen.

TIPP ZUR ANWENDUNG

Wie Copaiba einen Hundezahn rettete:

- Ätherisches Öl: Copaiba
- Anwendung: Das Öl auf die entzündete Stelle auftragen und einen Tropfen in Pflanzenöl verdünnt als Nahrungsergänzung über die Mahlzeiten verteilt geben.

Dieses Öl wurde verwendet: Copaifera reticulata

Wuchs am Hundeohr (Teebaumöl)

Mein Hund hatte eine Wucherung auf der Innenseite seines Ohres, die sehr schnell wuchs. Innerhalb von zwei Wochen war sie etwa zur Größe eines Fingernagels angewachsen. Ich trug einmal am Tag für vier Tage lang einen Tropfen **Teebaumöl** verdünnt in Pflanzenöl auf, und am fünften Tag fiel dieses Ding einfach ab! Es ist seither nicht wiedergekommen.

TIPP ZUR ANWENDUNG

Wie Teebaumöl ein Hundeohr pflegt:

- Ätherisches Öl: Melaleuca (Teebaumöl)
- Anwendung: Öl verdünnen und auf die Stelle auftragen.

Dieses Öl wurde verwendet: Melaleuca alternifolia

Die Dogge mit dem chronischen Nierenversagen (Thymian, Wacholder)

Die Ärzte gaben meiner Dogge wegen seiner chronischen Niereninsuffizienz drei bis sechs Monate zu leben. Ich beschloss, ihn mit den Ölen zu pflegen, um zu sehen, ob ich ihm helfen könnte. Etwa zehn Tage lang mischte ich einen Tropfen **Thymian** (verdünnt) über den Tag verteilt in sein Essen. Wir gaben ihm auch mehr natürliches Eiweiß – Huhn und Eier – weil er fast acht Kilo verloren hatte.

Schließlich begann er, wieder an Gewicht zuzunehmen. Ich rieb auch **Wacholder** auf seine Nieren. Neun Monate später gingen wir zu einer Nachuntersuchung. Die Tierärztin fragte, wie es ihm ginge, und ich erzählte ihr, wie ich meinen Hund pflegte. Sie sah mich verständnislos an. Nach der Auswertung der Blutuntersuchung sagte sie mir, dass sich seine Werte unglaublich verbessert hatten. Das war schon fast ein Jahr her, und er ist immer noch bei uns.

TIPP ZUR ANWENDUNG

Wie Thymian und Wacholder Nieren versorgen:

- Ätherische Öle: Thymian
- Anwendung: einen Tropfen Thymian (verdünnt) über den Tag verteilt unter das Essen mischen. Wacholder (verdünnt) auf die Nierengegend reiben.

Diese Öle wurden verwendet: *Thymus vulgaris, Juniperus osteosperma*

Ein Golden Retriever mit Hüftdysplasie (Rosmarin, Wintergrün, Weihrauch)

Gestern hatte ich ein Haustier-Event und bot kostenlose Anwendungen und Massagen für Hunde an, um bei einigen ihrer gesundheitlichen Probleme zu helfen. Ein zweijähriger Golden Retriever kam zu mir. Ihr Besitzer vermutete, dass sie Hüftdysplasie hätte, und wollte wissen, wie sie ihrem Hund helfen könnte.

Nachdem ich einige schnelle Tests am Hund gemacht hatte, bemerkte ich, dass sie beim Aufstehen aus einer sitzenden oder liegenden Position ein wenig zu kämpfen hatte. Ich griff nach dem **Rosmarin-** und **Wintergrünöl** und begann, an ihrem unteren Rücken und an der Hüfte damit zu arbeiten.

Nach etwa fünf Minuten beendete ich die Behandlung mit etwas **Weihrauchöl** und streckte sie ein wenig. Ich ließ sie dann ein paar Mal aufsitzen, und es war nicht zu übersehen, dass sie viel schneller und mit viel weniger Aufwand aufstehen konnte.

TIPP ZUR ANWENDUNG

Wie Rosmarin, Wintergrün und Weihrauch einer Dogge mit Hüftdysplasie halfen:

- Ätherische Öle: Rosmarin- und Wintergrünöl
- Anwendung: Mit Rosmarin- und Wintergrünöl (verdünnt) am unteren Rücken und an der Hüfte arbeiten. Mit Weihrauchöl beenden.

Diese Öle wurden verwendet: Rosmarinus officinalis, Gaultheria procumbens, Boswellia carteri

Oregano und die Harnwegsinfektion

Unser 10-Jahre-alter Labrador Retriever Wilbur, ein stattlicher Rüde von 32 Kilo, lief durch den Neuschnee. Da bemerkte ich mit Schrecken, dass überall, wo er urinierte, rosa bis rote Flecken waren. Er hat Blut im Urin, schoss es mir durch den Kopf. Zu Hause blätterte ich das Nachschlagewerk für ätherische Öle durch und dachte, es könnte eine Harnwegsinfektion sein. Ich probierte die Empfehlung aus und begann, ein wenig **Oregano** mit Pflanzenöl vermischt in meine Handfläche zu geben und damit die Unterseite seiner Vorder- und Hinterpfoten einzureiben. Er mochte es zuerst nicht.

Ich habe diese Ölmischung am ersten Tag dreimal aufgetragen. Am nächsten Tag hatte die Blutung aufgehört! Aber ich setzte diese Anwendung weitere vier Tage fort, nur um sicherzugehen, dass die Infektion gestoppt war. Sie ist nie wiedergekommen, und jetzt ist Wilbur schon zwölf Jahre alt!

TIPP ZUR ANWENDUNG

Wie Oregano eine Harnwegsinfektion bei Hunden versorgt:

- Ätherisches Öl: Oregano
- Anwendung: Ein wenig Oregano mit Pflanzenöl vermischt in die Handfläche geben und damit die Unterseite der Vorder- und Hinterpfoten einreiben. (Achtung, Oregano ist ein „heißes und starkes" Öl. Daher sollte es für Hunde extrem stark verdünnt werden.)

Dieses Öl wurde verwendet:
Origanum vulgare

Die erfolgreiche Parasitenkur

Iris Mohr ist Hundeheilpraktikerin und Tieraromatologin. Sie lebt nördlich von Hamburg. Sie erzählt die folgende Geschichte.

Sam, der Brakenmix, war fünf Jahre alt, als die Besitzerin ihn in meine Praxis brachte. „Er hat bereits seit einem Jahr mit Wurmbefall zu kämpfen", fing die Besitzerin zu erzählen an. „Wir waren so oft in der Tierklinik, und sie gaben Sam zum wiederholten Male Medikamente darunter Milbenmax®, um die Spulwürmer zu bekämpfen. Aber jedes Mal, wenn sie eine Kotprobe eingeschickt haben, war der Test positiv. Ich weiß nicht mehr, was ich machen soll."

Sam lag abgemagert und lustlos da. Sein Fell war stumpf und seine Augen matt. Er war sehr dünn, obwohl er täglich die doppelte Futterration bekam. Er hatte mehrmals am Tag Durchfall, was ihn natürlich sehr mitnahm. „Mein Sam ist schon lange nicht gut drauf", erzählte mir die Besitzerin besorgt und hoffte, dass ich für ihn einen Ausweg wusste.

Ich verordnete eine Mischung aus **Thymian, Pfefferminze, Copaiba, Majoran, Oregano, Nelke** und **Weihrauch**. Mit diesen antiparasitären und antibakteriellen Ölen wollte ich gegen diesen hartnäckigen Wurmbefall angehen. „Geben Sie Sam täglich 4 Tropfen dieser Ölmischung morgens und abends in sein Futter", sagte ich. „Wir machen eine Intervall-Kur. Das heißt, Sie geben dem Hund eine Woche lang täglich die Tropfen, dann pausieren Sie eine Woche. Dann geben Sie ihm die Tropfen wieder für eine Woche. Das wiederholen wir sieben Mal."

Nach einem Monat, während Sam diese Parasitenkur machte, schickten wir erneut eine Kotprobe ins Labor. Die Antwort kam zurück: „Parasiten negativ!" Diese gute Nachricht konnte man an Sams Verhalten bereits ablesen. Er war wieder verspielt und gut gelaunt. Auf den weiten Spaziergängen lief er munter hin und her. Seine Verdauung war normal. Er nahm wieder an Gewicht zu, so dass die Futtermenge reduziert werden konnte. Sein Interesse war voll geweckt. Dieser intelligente, gelehrige Hund hatte wieder Lust zu spielen und tollte mit den Kindern vergnügt um die Wette.

„Wir machen die Kur zu Ende", riet ich der Klientin. „Mit diesen Ölen unterstützen wir auch seine Darmbakterien." Alle weiteren Proben, die wir zur Kontrolle einschickten, waren negativ, und Sam erfreut sich einer guten und stabilen Gesundheit. Von Zeit zu Zeit bekommt er seine Ölkur zur Prävention.

Eine Tierheilpraktikerin erzählt aus der Praxis

Britta Franke ist seit 1987 Tierheilpraktikerin. Sie arbeitet mit hochwirksamen ätherischen Ölen. Wenn sie aus ihrer Praxis erzählt, könnte man Bände darüber schreiben.

Meningitis:

Sie berichtet von eindrucksvollen therapeutischen Erfolgen bei Meningitis an einem vierjährigen weißen Schäferhund, einem zweijährigen Briard Rüden und einer Ratte, die ein Jahr alt war. Bei all diesen Fällen verwendete sie das ätherische Öl „Heiliger Weihrauch" (*Boswellia sacra*). Sie ist überzeugt, dass der Heilerfolg neben der beeindruckenden Wirkung des Weihrauchöls auch daran liegt, dass ätherische Öle die Blut-Hirn-Schranke überqueren können.

Die Blut-Hirn-Schranke ist ein effektiver Filter, der das Gehirn vor Keimen und Giften schützt, die im Blut zirkulieren können. Während dieser Schutzmechanismus einerseits vor unliebsamen Eindringlingen schützt, versperrt er andererseits auch Medikamenten für die Behandlung neurologischer Krankheiten den Weg zum Gehirn. Nicht so ätherischen Öle! Sie queren ungehindert die Blut-Hirn-Schranke, um – wie in diesen Fällen – dem Gehirn zu Hilfe zu eilen.

Traumata:

Immer wieder erstaunlich sind die Erfolge bei psychischen Problemen mit einer Ölmischung aus Geranie, Jasmin, Palmarosa, Rose, Römische Kamille, Zitrone, Bergamotte, Mandarine und Ylang Ylang, die so zart wirkt, dass sie seelische Schmerzen wie einen sanften Schleier lüftet und Sonnenschein direkt ins Herz bringt. Gleichzeitig wirken diese Öle so stark und nachhaltig, dass sie Traumata auflösen und seelische Schmerzen ein für alle Mal ableiten und zum Schweigen bringen können. Auch die Geschichte einer traumatisierten Hündin aus einer Tötungsstation ist berührend. Sie heilte ihren Schmerz mit dem Duft der wohlriechenden Narde (*Nardostachys jatamansi*), die eine ähnlich beruhigende Wirkung wie Baldrian besitzt.

Nervosität:

Eine extrem nervöse Schäferhündin beruhigte sich beim Riechen von Majoranöl. Es genügte ein einziger Tropfen dieses Öls, um dem Hund Frieden zu schenken. Majoranöl hat eine profunde nervenberuhigende Wirkung.

Bauchspeicheldrüsenentzündung:

Zwei Hunde mit tagelangem Erbrechen und klinisch festgestellter Entzündung der Bauchspeicheldrüse waren symptomfrei nach einem Tropfen einer ätherischen Ölmischung aus Jasmin, Muskatellersalbei, Vetiver, Ylang Ylang, Rainfarn, Geranie, Sandelholz, Orange, Salbei und Lavendel – beruhigende und entzündungshemmende Öle, die Wirkung zeigen.

Der Mops mit chronischer Gastritis, der nach dem Pfefferminzöl verlangte

Bei einem Vortrag über ätherische Öle in meiner Praxis war ein schwarzer Mops namens Pixie anwesend. Als ich die Flasche mit Pfefferminzöl zum Riechen herumreichte, wurde die Kleine ganz nervös. Sie rannte von Besucher zu Besucher, hopste dem Pfefferminzöl hinterher und wollte unbedingt an die Flasche herankommen, das konnte man deutlich sehen.

Ich ließ Pixie an der Flasche riechen. Sie wollte die Flasche sofort ablecken. Nach dem Vortrag plauderte ich mit der Hundebesitzerin, und es stellte sich heraus, dass Pixie eine chronische Gastritis hatte. Ich musste lachen: „Oft suchen sich Tiere die Öle wirklich selbst aus!" **Pfefferminzöl** wird erfolgreich bei Magenproblemen angewandt. Das Öl hat auch Pixie geholfen. Ich riet der Hundebesitzerin, täglich ein ganz klein wenig vom Öl verdünnt in ihr Fressen zu mischen und das Fell mit einem Tropfen Pfefferminzöl auf ihren Händen zu streicheln. Nach einiger Zeit war Pixie beschwerdefrei.

TIPP ZUR ANWENDUNG

Der Mops mit chronischer Gastritis, der nach dem Pfefferminzöl verlangte:

- Ätherisches Öl: Pfefferminzöl
- Anwendung: Pfefferminzöl (mit der Zahnstochermethode) ins Futter mischen, und 1 Tropfen Pfefferminzöl auf die Hände geben, verreiben, und damit das Fell streicheln.

Dieses Öl wurde verwendet: Mentha piperita

Katzen:

5

„Katzen sind die rücksichtsvollsten und aufmerksamsten Gesellschafter, die man sich wünschen kann."
Pablo Picasso

Die Katzengöttin, die Liebe, Schönheit und Anmut verkörpert

„Eine herabgestiegene Prinzessin aus dem Löwengeschlecht" nennt Johann Wolfgang von Goethe die Katze, und macht deutlich, dass sie sich ihrer Würde und Schönheit voll bewusst ist. Gelassenheit, Balance und sanfte Stärke vereinen sich in ihr, um diese Qualitäten in unser hektisches Menschenleben zu bringen. Es umgibt sie der Nimbus des Mystischen. Sie scheint in direktem Kontakt mit dem Universum zu stehen und Dinge zu sehen und zu erahnen, die uns Menschen verborgen sind. Oft fühlt sie unsere Ängste und Nöte und kommt uns mit ihrem beruhigenden Schnurren zu Hilfe. Die kleine Stupsnase eines Kätzchens löst im Menschen intuitiv das Gefühl aus, es behüten und beschützen zu müssen. Gerne teilt die stolze Prinzessin die Freuden und Annehmlichkeiten der Menschen, das warme Bettchen und die geregelten Mahlzeiten. Doch sie war seit jeher unabhängig – und wird es wohl immer sein.

Katzen haben sich bereits vor fast zehntausend Jahren dazu entschlossen, ein Bündnis mit den Menschen einzugehen. Als Gegenleistung für Futter haben sie die Getreidespeicher der Dörfer und Tempelanlagen unserer Vorfahren von Nagetieren befreit. Erfreut über die guten Dienste der Mäusejäger, erhoben die Menschen diese eleganten und wendigen Lebewesen zu Ansehen und sogar zu „göttlichen" Ehren. Die Katze verkörperte die Ideale von Liebe, Schönheit und Anmut. Vor 3.000 Jahren in China war die Katze Garant für Glück und ein langes Leben und das Statussymbol der Schönen und Reichen. Schon damals wurde ihr, neben dem Menschen, eine Seele „zugesprochen". Aus diesen frühgeschichtlichen Berichten wird klar, was eine Katze von sich hält. Man versteht, warum sie nicht folgt und ihre Gunst nur schenkt, wenn es ihr beliebt. Sie ist eben – königlich!

Warum die Blüten der Weiden „Kätzchen" tragen

„Nach einer alten polnischen Legende klagte eine Katze darüber, dass ihr grausamer Herr ihre Jungen in den Fluss geworfen habe. Vor Rührung und aus Mitgefühl neigten die Weiden am Fluss ihre Äste ins Wasser, damit sich die Kätzchen daran festhalten und herausklettern konnten. Seitdem haben die Blüten der Weide ein weiches Fell und werden „Kätzchen" genannt."

Welche ätherischen Öle sind für Katzen sicher?

Ätherische Öle werden für Katzen – in Wasser oder mit reinem Pflanzenöl extrem verdünnt – angewandt. Sicher für Katzen sind folgende hochwirksame Öle:

- Copaiba
- Elemi
- Geranie
- Immortelle
- Römische Kamille
- Lavendel
- Muskatellersalbei
- Rosmarin
- Weihrauch
- Zedernholz

Blütenwasser (Hydrolate) sind für Katzen auch gut geeignet, weil sie mild sind. Das Rosmarin Blütenwasser ist eine gute Vorbeugung gegen Flöhe, Zecken und andere Plagegeister. Man gibt zwei Sprühstöße in die Hand und reibt das Blütenwasser gegen die Fellwuchsrichtung ein.

Welche ätherischen Öle sollte man bei Katzen meiden?

Jedes Öl, das nicht nach therapeutischem Standard hergestellt und potenziell **synthetische Stoffe** enthalten könnte, ist **pures Gift** für Katzen.

Vermeidung: Ätherische Öle reich an Phenolen wie Gewürznelke, Zimt, Oregano oder Thymian sollten für Tiere, besonders für Katzen, nicht oder nur in starker Verdünnung verwendet werden. Auch mögen Katzen gewöhnlich keine Zitrusöle. Man sollte besonders umsichtig mit ätherischen Ölen bei Katzen sein. **Achtung:** Synthetisches und minderwertiges Melaleuca Öl (Teebaumöl) kann für Katzen toxisch und tödlich sein!

Wie viel ätherisches Öl nimmt man bei Katzen?

Dosierung: Für **kleinere Tiere** wie Katzen und kleine Hunde nimmt man einen Tropfen und verdünnt das ätherische Öl zu 90% oder mehr mit einem reinen Pflanzenöl (wie Kokosöl, Sonnenblumenöl, Olivenöl u.a.). Davon gibt man anfänglich ¼ Tropfen bis ½ Tropfen mittels der Zahnstochermethode* in das Essen, wo angezeigt, um das Tier langsam an den Geschmack zu gewöhnen. (*Man taucht einen Zahnstocher in die Ölmischung ein und rührt damit eine ganz geringe Menge des Öls in das Futter.)

Man nimmt einen Tropfen in die Hand, verreibt gründlich, lässt das Tier herankommen und streichelt es schließlich, wenn es sich mit dem Duft an unserer Hand wohlfühlt.

Das Vernebeln ätherischer Öle im Aroma-Diffuser für Katzen

- Man vernebelt fünf Minuten wenige Tropfen ätherisches Öl im wasserbasierten Aroma-Diffuser und wiederholt mehrmals pro Tag.
- Man sorgt für gute Luftzirkulation und lässt die Türe offen, so dass die Katze den Raum verlassen kann.

Warum können ätherische Öle bei Katzen toxisch wirken?

Katzen fehlt das Enzym Glucuronyltranferase. Daher können sie chemische Verbindungen, wie Phenole, Ketone u.a., über die Leber und Niere nicht effektiv ausscheiden. Dieser wichtige Entgiftungsmechanismus ist in den meisten Tieren – außer Katzen – vorhanden und führt bei Katzen zu einem langsameren Abbau von toxischen Metaboliten im Körper. Daher verwendet man ätherische Öle bei Katzen sehr sparsam. Es genügt schon, ein mildes Öl in den Händen zu verreiben und diesen Dufthauch in die Aura der Katze einzustreicheln.

Die große Kontroverse

Der Unterschied zwischen Menschen, die ätherische Öle mit großem Erfolg an ihren Haustieren, einschließlich Katzen, anwenden und anderen, die vor gefährlichen Vergiftungen warnen, ist:

1. Das Wissen um die sichere Anwendung ätherischer Öle
2. Die Qualität und Reinheit der verwendeten Öle

Während wohlmeinende Experten vor der Anwendung ätherischer Öle an Katzen warnen, erleben andere Aroma- Experten, dass ihre Katzen sich zum Aroma-Diffuser hingezogen fühlen und routinemäßig in der Therapeutentasche auf den ätherischen Ölfläschchen schlafen. **Die Qualität und Reinheit der verwendeten Öle macht hier den Unterschied.**

Was Katzen lieben

Katzen lieben – gemäß ihrer Natur – Ruhe, Frieden und vollkommene Harmonie. In viele Familien hat sich die Katze zu diesem Zweck inkarniert, um die negativen Einflüsse eines hektischen Lebens auszugleichen, und dafür lieben wir sie so. Sie genießen Wärme und Wohlbehagen und zeigen uns, wie auch wir, trotz der Schnelllebigkeit unserer Zeit, Muße pflegen können. Sie lieben gediegene Schönheit in ihrer Umgebung und ziehen die besten Plätze, z.B. das kuschelweiche Bett, vor, wie es sich eben für eine Königin geziemt. Katzen sorgen selbst für absolute Reinlichkeit und verbringen einen Großteil des Tages damit, sich zu pflegen und schön zu machen.

Was eine Katze nicht leiden mag – und da schaffen ätherische Öle Abhilfe – ist Stress und Unfrieden in der Familie, unsaubere Verhältnisse in ihrer Umgebung (z.B. im Katzenklo), Kälte, sie sitzt doch am Liebsten hinter dem Ofen, und unpünktliche Essenszeiten.

- Fressordnung: Katzen lieben ihre Ordnung. Sie haben ihre geregelten Fresszeiten und wollen etwa alle drei Stunden ein wenig fressen.

- Katzen sind Genießer. Sie wollen in ihrer geschützten Umgebung und in aller Ruhe speisen. Sie verschmähen alte oder kalte Kost aus dem Kühlschrank. Wird das Futter ein wenig temperiert, entfalten sich die Geschmacksaromen, und die Katze frisst mit größerem Genuss.

- Tischmanieren: Menschennahrung ist für die Katze nicht verträglich. Auch wenn die Katze bettelt, sollte nichts „vom Tisch fallen". Katzen sind beim Betteln ohnehin viel manierlicher als Hunde.

- Futtermenge: Eine erwachsene Katze sollte pro Kilogramm Körpergewicht 50 Gramm Nassfutter pro Tag bekommen, das sind bei einer 4-Kilogramm-Katze 200 Gramm pro Tag.

  Kitten ernähren sich bis zur vierten Lebenswoche ausschließlich von der Muttermilch. Danach werden sie an verdünntes Nassfutter gewöhnt, zu dem sie rund um die Uhr Zugang haben sollten.

  Senior-Katzen, das sind Katzen ab dem 10. Lebensjahr, haben einen verlangsamten Stoffwechsel, bewegen sich nicht mehr so viel und brauchen auch nicht mehr so viele Nährstoffe. Stattdessen benötigen sie Zusatzstoffe zur Unterstützung des Immunsystems. Betagte Katzen essen nur wenig, dafür öfter zwischendurch.

Wir können also durch Einhaltung einer gewissen Ordnung unserem Stubentiger das Leben so viel angenehmer und gemütlicher machen. Wir können im Hintergrund sanfte ätherische Öle vernebeln, die Ruhe und Frieden schenken, das Gemüt beruhigen, die Hektik des Tages ausklingen lassen und einfach glücklich machen. Die Duftwolke aus dem Aroma-Diffuser erhellt durch ihren anhebenden Duft nicht nur das Gemüt. Sie schafft auch eine saubere Raumatmosphäre, vertreibt Ungeziefer und Bakterien, die unangenehme Gerüche hinterlassen. Sie sorgt für wohligen Schlaf und kann sogar den Appetit anregen.

Die artgerechte Katzennahrung

Katzen sind sehr wählerisch. Nur das Beste scheint gut genug für sie zu sein, und wir bemühen uns natürlich, diesem Anspruch gerecht zu werden. Das Wohl unserer Hauskatze hängt von der artgerechten, gesunden Ernährung ab. Dass unsere Katzenkinder von Gicht geplagt hinken, fett und ungelenk sind und noch weit schlimmere Übel erleiden müssen, steht nach wissenschaftlichen Erkenntnissen im direkten Zusammenhang mit der Ernährung.

- Katzenfutter ist anders zusammengesetzt als Hundefutter. Besonders die für Katzen lebenswichtige Aminosäure Taurin ist im Hundefutter nicht vorhanden, und das würde bei falscher Fütterung zu Mangelerscheinungen bei der Katze führen. Auch ist das Hundefutter generell stärkehaltiger als das Katzenfutter. Eine Katze benötigt wenig Kohlenhydrate. Daher gilt: Hundefutter und Katzenfutter sind nicht dasselbe.

- Nährstoffe: Katzen benötigen die essenziellen Aminosäuren Taurin und Arginin sowie Vitamin A und B und Fettsäuren. Man kann ab und zu ein wenig kaltgepresstes Weizenkeimöl oder Olivenöl ins Futter mischen, das natürliche Antioxidantien mit entzündungshemmenden und antimikrobiellen Eigenschaften enthält. Es wirkt jedoch in größeren Mengen abführend, und nicht alle Katzen lieben den Geschmack. Ein Hauch von dem milden ätherischen Öl Copaiba ins Futter gerührt, wirkt ebenso entzündungshemmend.

- Ätherische Öle im Futter können nur in ganz geringen Dosen (Zahnstocher-Methode) als Gewürz beigemischt werden, denn Katzen schnuppern zuerst an ihrem Futter, bevor sie zu fressen beginnen. Das Fressen muss frisch und für die Katze wohlriechend sein, oder sie verweigert das Futter. Ätherische Öle in der Nahrung unterstützen den gesamten Organismus, fördern die Verdauung, regeln die Durchblutung, bringen Sauerstoff zu den Zellen und unterstützen den reibungslosen Ablauf aller Systeme.

- Wasser: Katzen sind seit jeher nicht gewohnt, regelmäßig zu trinken, denn sie nehmen das Wasser größtenteils durch die Feuchtnahrung auf. (Der Wasseranteil im Nassfutter ist 80%, im Gegensatz zum Trockenfutter mit nur 8%.) Bei der Fütterung mit Trockenfutter sollte man Katzen, und besonders ältere Stubentiger, zum Wassertrinken animieren, denn ein Wassermangel kann die Nieren schädigen.

TIPP: Man kocht ein Huhn in Wasser und gibt die „Hühnersuppe" in den Trinknapf. Auch können ätherische Öle in ganz geringen Mengen (z.B. 1 Tropfen in 2 l Wasser) angeboten werden. Eine zweite Wasserschüssel mit reinem Wasser muss aber ebenso bereitstehen, falls das Tier das Wasser mit dem Öl nicht trinken mag. Katzen lieben es auch nicht, wenn der Wassernapf direkt neben der Futterschüssel steht. Man kann daher Wassernäpfe im Haus verteilt aufstellen. Auch Wasserbrunnen laden zum Trinken ein.

Die Ernährungsumstellung einer Katze, falls nötig, sollte schrittweise erfolgen, indem man das neue Futter langsam unter das gewohnte Futter mischt, bis es schließlich ganz ersetzt wird. Eine Katze ist ein Gewohnheitstier. Sie liebt ihre Gewohnheiten und fühlt sich gestört und aus der Ruhe gerissen, wenn Dinge nicht ihren gewohnten Gang gehen. Darauf sollte man Rücksicht nehmen.

Katzengras hilft beim Erbrechen verschluckter Haarballen. Wenn eine Katze Gras frisst, ist das meist ein Zeichen dafür, dass sie ihren verstimmten Magen reinigen will. Doch Haarballen – das sind Haare, die sie beim Putzen verschluckt – sind keine normale Erscheinung in Katzen, sagt Dr. Melissa Shelton. Ernährungsumstellung, Entgiftung und das Entfernen von Haushaltsgiften beseitigen den häufigen Drang, Haarballen zu erbrechen. Eine getreidefreie Nahrung ohne Eier und Milchprodukte ist angeraten. Man gibt 1-2 Tropfen der *Ölmischung für die Verdauung* in das Katzenklo und streichelt das Tier von Zeit zu Zeit mit dieser Ölmischung, um die Entgiftung anzuregen und die Verdauung zu fördern. Auch die natürliche Körperpflege und das regelmäßige Bürsten hilft dabei, lose Haare zu entfernen.

Die duftende Katzenpflege

Katzen riechen weitaus besser als Menschen. Mit der Nase prüfen sie ihre Nahrung, bevor sie zu fressen beginnen, und erkennen andere Hausbewohner – Tier und Mensch. Doch sie lieben ihre ganz besonderen Gerüche, mit denen sie oft über weite Entfernungen kommunizieren, indem sie reiben, kratzen und markieren. Reibt unsere Katze ihr Köpfchen an unserem Bein, dann spricht sie zu uns, macht Hautkontakt, markiert ihre Lieblings-"Leitkatze" und zeigt ihre Liebe und Anhänglichkeit. Manchmal sagt sie damit auch: „Hast du mich vergessen? Streichele mich doch mehr."

- Betörende Düfte: Es gibt Düfte, die eine Katze besonders erregen können. Dann kräuselt sie ihre Nase und flehmt mit hochgezogener Oberlippe und offenem Mund, um ein liebgewonnenes Aroma zu genießen oder neue Gerüche aufzunehmen und abzuspeichern. Sie wälzt sich mit dem Köpfchen im Duft und versucht, das Aroma mit ganzem Körpereinsatz auf ihr Fell zu bekommen. Das ätherische Öl von Katzenminze ist für sie berauschend. Der betörende Duft von Baldrian zieht sie magisch an. Diese Vorlieben kann man sich zunutze machen, um seinem Liebling glückliche Momente zu schenken. Man gibt z. B. auf einen alten Socken, den man zu einem Knoten zusammengebunden hat, einen Tropfen Baldrianöl. Dieses einfache Spielzeug kann das Kätzchen stundenlang begeistern. Doch sollte man das Tier auch nicht an einen speziellen Duft gewöhnen, sonst verliert es die Wahrnehmung des Aromas und damit sein Interesse daran. Das ist ein Grund dafür, dass man nicht immer dieselben Düfte im Aroma-Diffuser vernebelt, sondern die Öle abwechselt.

- Ein duftendes Katzenklo trägt auch zum natürlichen Wohlbefinden einer Katze bei. Die umweltfreundliche, gut absorbierende Katzenstreu sollte immer sauber sein. Ätherische Öle können Gerüche effektiv und nachhaltig entfernen. Dazu gibt man in ein Glas mit Schraubverschluss 1 Tasse Kaiser Natron und 1-3 Tropfen eines Öls, das die Katze gerne riecht, schüttelt kräftig und bestreut den Boden des Katzenklos damit. Darüber kommt die Katzenstreu, und immer nach dem Reinigen mit der Streuschaufel kann man ein wenig dieser Mischung zur Auffrischung darüberstreuen. Am Anfang sollte ein zweites Katzenklo ohne Duft aufgestellt werden, um sicherzugehen, dass die Katze keine Abneigung gegen den Duft hat. Copaiba-Duft im Katzenklo unterstützt eine Katze, die unter Gelenkschmerzen leidet; eine Ölmischung für die Verdauung ist hilfreich gegen Parasiten; das Weihrauchöl mit seinen vielen wertvollen Eigenschaften schenkt Ruhe und Sicherheit.

- Die frische Raumluft: Wenn ein auf Wasser basierender Aroma-Diffuser mit ätherischen Ölen in einer Ecke vor sich hin sprudelt und köstlichen Duft in den Raum bläst, ist eine keimfreie Raumluft gewährleistet. Ätherische Öle, die in dieser Weise als mikrofeine Partikel in die Atmosphäre verteilt werden, reinigen die Atemluft effektiv von Viren, Bakterien und Keimen aller Art. Ganz nebenbei sorgen sie auch für eine energetisch aufgeladene, frische und duftende Raumluft, die das Herz erfreut und allerlei gute Nebenwirkungen bereithält. Die ätherischen Öle beruhigen den Geist, besänftigen das Gemüt und unterstützen den reibungslosen Ablauf aller Lebensfunktionen in Tier und Mensch. Viele Katzen lieben den milden Duft aus dem Aroma-Diffuser. Natürlich beachtet man die Vorlieben seines Stubentigers und lässt die Türe offen, so dass unser Haustier den Raum nach Belieben verlassen kann.

- Die duftende Körperpflege: Bei regelmäßiger Körperpflege mit (Floh) Kamm und Bürste gewöhnt sich die Katze an die Routine und freut sich auf ihre tägliche

Schönheitspflege. Ein Tropfen beruhigendes Lavendelöl auf einer Naturhaarbürste kann nicht nur die von Flohbissen irritierte Haut beruhigen, er macht die Katze (und uns selber) auch ruhig und gelassen. Um das Fell glänzend zu striegeln und zugleich Zecken- und anderem Insektenbefall vorzubeugen, nimmt man ein wenig Kokosöl mit dem entzündungshemmenden ätherischen Öl von Copaiba oder Zitronengras. Nicht vergessen: Weniger ist mehr. Unsere Körperpflege soll dem Kätzchen behagen und es in einen zarten Duft einhüllen, den es gerne trägt. Wird ein Katzenbad fällig, nimmt man ein naturreines Shampoo ohne giftige chemische Zusätze, stellt das Tier in eine Katzenbadewanne oder ins Waschbecken, das mit einem Handtuch ausgelegt ist, damit das Tier darin Halt finden kann, und beginnt mit dem Waschen. Zum Schluss spült man vorsichtig mithilfe eines kleinen Bechers ab, denn alles Irritierende, wie ein laufender Wasserhahn oder eine Brause, würde die Katze normalerweise erschrecken. Danach trocknet man das Fell gut ab – und fertig ist das saubere Kätzchen.

Katzen sind verspielt

Obwohl Katzenkinder gerne miteinander spielen und sich necken, sich verstecken und um die Wette tollen, so ist die Spielstunde mit Frauchen/Herrchen doch ihre ganz besondere Zeit, vor allem wenn eine Katze allein mit uns im Haushalt lebt. Die Katze gewinnt Vertrauen und Sicherheit zu seiner Bezugsperson und knüpft zu ihr ein starkes Band, das – je öfter man mit ihr spielt – immer stärker und vertrauter wird. Außerdem hält Spielen jung, es stärkt das Gedächtnis, die Instinkt- und Reaktionsfähigkeit, hält beweglich und mit Clicker und einem Aroma-Leckerli können so manche neue Kunststücke trainiert werden. Spielen macht Katzen glücklich. Es weckt ihren Jagdinstinkt.

Man setzt die Spielstunde möglichst täglich zur gleichen Zeit eine Stunde nach der Fütterung, in der gewohnten Umgebung, ganz ohne Stress und Irritationen an. Ätherische Öle spielen beim Spielen natürlich eine ganz wichtige Rolle. Sie bieten nicht nur eine angenehme Atmosphäre, sondern können auch als Belohnung und zur Konditionierung positiven Verhaltens gezielt eingesetzt werden. Es macht schon einen Unterschied für eine Katze, ob sie ein gewöhnliches Leckerli oder ein nach Baldrian duftendes, die Sinne betörendes Stückchen zur Belohnung erhält!

- Ob Katzenbaum oder Fensterplatz, Hängematte oder Spieltunnel, am Ende wartet eine duftende Belohnung. Auch Sisalbälle, Federwedel oder Spielmäuse mit einem verführerischen Duft machen das Erlebnis noch intensiver.

- Geschicklichkeitsspiele, wie eine duftende Belohnung unter einer Schachtel hervorzulocken oder die richtige Schublade zu öffnen, sind bei der Katze sehr beliebt. Wenn das darin versteckte Leckerli auch noch duftet, dann macht sie bestimmt immer den richtigen Treffer.

- Unter Decken und zwischen Polstern hervorzulugen und Verstecken zu spielen, macht erst so richtig Spaß, wenn wir mitspielen! Die Katze liebt unseren Duft und freut sich über jede spielerische Interaktion mit uns. Oft ist diese Zeit des Spielens die einzige, wo das Haustier sich beachtet und anerkannt sowie gefordert fühlt.

- Wir müssen natürlich für sicheres Katzenspielzeug sorgen, das groß genug ist und nicht verschluckt werden kann, das ungiftig und zum Beißen geeignet ist, und bei dem die Katze sich nicht verheddern kann. Ein braunes Papiersackerl mit einem rollenden Ball darin ist ein großartiges Spielzeug, dagegen sind Plastiksäcke wegen der Erstickungsgefahr natürlich ungeeignet.

Der Spieltrieb steckt in jeder Katze, ob jung oder alt. Auch alte Katzen lieben das Spielen mit uns, aber nur ein bisschen ruhiger.

Gefahren für die Katze

Gefahren lauern überall. Aber es sind nicht nur die augenscheinlichen Gefahren (wie gekippte Fenster), vor denen wir unsere Lieblinge schützen. Oft sind es die versteckten Gefahren, deren wir uns gar nicht bewusst sind. Diese können im täglichen Katzenfutter, in giftigen Bodenreinigern oder in Giftpflanzen lauern und unseren empfindlichen Katzen arg zusetzen.

Die falsche Ernährung

- **Katzenfutter:** Unser Hauptaugenmerk sollte auf richtiger Ernährung liegen, die alle lebenswichtigen Baustoffe für eine gute Katzengesundheit enthalten müssen. Mangelernährung führt zu Organschäden und Krankheiten. Nur eine gesunde Katze kann ihr Leben genießen.

  Im Kapitel **Ernährung** lernst du ätherische Öle für die Verdauung kennen sowie die sechs wichtigsten Nahrungsergänzungen, die ein Tier vital und lebenslustig erhalten.

- **Giftige Lebensmittel:** Alltägliche Nahrungsmittel wie Schokolade, Alkohol oder Muskatnuss können für Katzen und Hunde tödlich sein. Avocados, Hefeteig, grüne Kartoffelschalen und Tomatenblätter führen zu Erbrechen und Durchfall. Äpfel, Kirschen, Marillen, Pfirsiche, Pflaumen, Weintrauben, Rosinen, Zwiebel und Makademianüsse sowie Kaffee führen zu schwerwiegenden gesundheitlichen Schädigungen.

Gifte in Haushalt und Garten

- Chemische Reinigungsmittel: Die wohl gefährlichsten Gifte im Haushalt sind eindeutig die chemischen Reinigungsmittel, die sich mit ihren toxischen Substanzen unter dem Mantel der Reinlichkeit in jeder Ecke unseres Hauses verstecken. Wir reinigen den Boden mit Giften, die Katzen unbemerkt auf den Pfoten tragen und bei der täglichen Katzenpflege ablecken. Ideen für starke, aber natürliche und gesunde Haushaltsreiniger findest du im Kapitel Umgebung: Umweltgifte und die gesunde Alternative.

- **Giftpflanzen in Haus und Garten:** Oft sind es unsere Zimmerpflanzen, die einem Kätzchen einen kleinen Zeitvertreib bieten; oder es findet giftige Blumen im Garten, die zum Spielen verleiten. Eine Liste alltäglicher Zimmer- und Gartenpflanzen, die sicher auch in deinem Zuhause unbeachtet blühen und gedeihen, findest du am Ende des Buches. Dieses Wissen kann deiner Katze das Leben retten.

„Giftige" ätherische Öle:

- Wenn du im Zweifel bist, ob ein ätherisches Öl gut oder nicht gut für deine Katze ist, solltest du dieses Öl nicht verwenden und tierärztlichen Rat einholen. Manche Aroma-Experten warnen vor der Anwendung gewisser Öle bei Katzen, wie etwa **Teebaumöl** (Melaleuca), das für Katzen tödlich, oder vor dem „gefährlichen" **Wintergrünöl**, das hochgiftig sein kann. Andere Aroma-Experten schätzen die desinfizierende Kraft des Teebaumöls auch für Katzen und wenden routinemäßig Wintergrünöl beispielsweise für eine Rückenmassage bei arthritischen Katzen an.

Hier scheiden sich die Geister. Doch **beide haben recht, denn der Unterschied** zwischen heilsam und tödlich **liegt im verwendeten Öl!** Daher weise ich immer wieder mit Nachdruck darauf hin, nur ätherische Öle zu verwenden, die nach therapeutischem Standard hergestellt sind!

Kann ich jede Art von ätherischen Ölen für Katzen verwenden?

NEIN! Ätherische Öle für Katzen (und Menschen) müssen hochwirksame Öle sein, die nach therapeutischem Standard hergestellt wurden. Das ist sehr wichtig! Die meisten Probleme mit ätherischen Ölen stammen daher, dass man Öle von Parfümqualität in der gleichen Weise anwendet, wie man hochwirksame Qualitätsöle verwenden würde. Minderwertige Öle verursachen mehr Schaden als sie nutzen, besonders bei Katzen!

Wenn du nicht sicher bist, ob du ein ätherisches Öl hast, das von höchster Qualität ist, wende dich bitte an den Tierarzt deines Vertrauens. Es gibt ganzheitliche Tierärztinnen, Tierheilpraktiker und Tieraromatologen, die ätherische Öle in ihrer Praxis routinemäßig und mit großem Erfolg anwenden.

Warum wenden Tierärzte und Tierheilpraktiker ätherische Öle an?

Authentische ätherische Öle stammen aus der Natur. Sie haben zu ihrer Herstellung kein „Labor" gesehen! Sie werden kunstvoll nach uraltem Wissen aus Blumen, Sträuchern, Bäumen, Wurzeln und Samen destilliert. Dabei werden die besten Anbau- und Erntezeiten sowie die Lagerung des Pflanzenmaterials vor der Destillation genau eingehalten. Auch trägt die korrekte Destillationszeit, die von Pflanze zu Pflanze verschieden ist, ausschlaggebend dazu bei, ein ätherisches Öl höchster Qualität zu erzeugen. (Siehe das Buch: *Duftmedizin, Ätherische Öle und ihre therapeutische Wirkung* für mehr Information.) Das so gewonnene ätherische Öl ist eine feine, flüchtige Flüssigkeit, die den Geist der Pflanze – ihre Lebensessenz – enthält. Es ist eine lebende Substanz, die intelligent ist und dem gesunden Lebensrhythmus in Tier (und Mensch) dient.

Ätherische Öle sind um ein Vielfaches stärker als Kräuter. Sie besitzen die regenerierenden Eigenschaften der Pflanzen, einschließlich ihrer körpereigenen Immunabwehrkräfte. Ihre feine Molekularstruktur ermöglicht es ihnen, mühelos die Zellmembran sowie die Blut-Hirnschranke zu durchdringen. Sie bringen Sauerstoff und Nährstoffe innerhalb kürzester Zeit in jede Zelle des Körpers und transportieren Giftstoffe ab. Ätherische Öle entfalten hormonunterstützende Wirkungen, die Tieren dann zugutekommen, wenn etwa Hennen keine Eier legen, Hengste extrem unruhig sind oder Kühe nicht trächtig werden.

Ätherische Öle unterstützen das emotionale und körperliche Wohlbefinden durch die hohe bio-elektrische Schwingung, die ihnen innewohnt. Klinische Forschungen belegen, dass ätherische Öle schnell und einfach die Körperfrequenzen anheben und dadurch den Körper wieder in seinen optimalen Zustand bringen können.

Nach therapeutischem Standard hergestellte Öle:

- Erhöhen die Sauerstoffzufuhr der Zelle.
- Durchdringen die Blut-Hirnschranke.
- Bringen Nährstoffe in die Zellen.
- Transportieren Gifte aus den Zellen ab.
- Stärken das Immunsystem.
- Sorgen für den optimalen Ablauf aller Körpersysteme.

„Hinter allen Wundern der Natur steckt ein Wunder."
Aristoteles

Wie Tieraromatologen Katzen mit hochwirksamen ätherischen Ölen pflegen

Ich stelle dir Claudia Iris Russ aus Österreich vor, eine langjährige Anwenderin von hochwirksamen ätherischen Ölen. Sie ist als Ausbilderin an der Europäischen Akademie für Aromatherapie tätig und leitet die europaweit einzigartige Ausbildung zum Zertifizierten Tieraromatologen. Sie hat unzählige Tieraromatologen ausgebildet und ihnen die Arbeitsweisen mit hochwirksamen ätherischen Ölen an Tieren vermittelt. Mit dieser Ausbildungsreihe zum Zertifizierten Tieraromatologen setzen die Europäische Akademie für Aromatherapie und die Ausbilderin einen Meilenstein in der ganzheitlichen Tierpflege. Dieses Programm ist wegweisend für die zukünftige Anwendung hochwirksamer ätherischer Öle im Tierreich. (Siehe Tieraromatologen im Adressenverzeichnis am Ende des Buches.)

Die Anwendung hochwirksamer ätherischer Öle im Tierreich ist in unseren Kreisen noch ziemlich unbekannt und wird, so wie alles Neue und Unbekannte, zuerst belächelt, dann grimmig verfolgt, bis sie schließlich entdeckt und bejubelt wird, um dann zur Selbstverständlichkeit zu werden.

Hier erzählt Claudia von der Wirkung ätherischer Öle an ihrer eigenen Katze.

Gina, das Stallkätzchen (Kamille, Lavendel, Geranie, Weihrauch)

Meine Tochter fand Gina mit etwa zehn Wochen im Stall, in dem wir unsere Pferde eingestellt hatten. Das Kätzchen war sehr klein, sah räudig aus und hatte ein komplett verklebtes Auge. Für unser Pony hatte ich den Lavendel-Augenspritzer im Stall, weil die Stute manchmal, wenn es sehr windig war, tränende Augen bekam. Ich sprühte ein wenig Augenspritzer in meine Hände und betupfte den Bereich oberhalb und unterhalb des Auges sanft damit. Nach dem zweiten Tag konnte sie das Auge bereits öffnen, und innerhalb einer Woche waren die Verklebungen komplett verschwunden.

Da ich unsere Pferde immer wieder mit ätherischen Ölanwendungen verwöhnte, kam Gina schon als kleine Katze mit den verschiedensten Ölen in Berührung. Nach einer Ölanwendung beim Pferd kraulte ich sie oft intuitiv mit meinen noch nach Ölen duftenden Händen. Ich wusste, dass Stallkatzen oft Ohrmilben und Flöhe bekommen. Gina hatte aber keine Anzeichen gezeigt, und ich war mir sicher, dass es an den ätherischen Ölen lag, die ich verwendete.

Mit knapp einem Jahr übersiedelte Gina zu uns nach Hause, weil die Kastration anstand. Um sie emotional auf die Operation vorzubereiten, vernebelte ich mit meinem Aroma-Diffuser ätherische Öle, die für ihre beruhigende Wirkung bekannt und auch für Katzen gut geeignet sind, wie z.B. **Kamille, Lavendel, Geranie, Weihrauch** und mehr. Auch ihre Transportdecke strich ich leicht damit ein, um ihr nach der Operation ein Gefühl der Geborgenheit zu vermitteln. Sie hat alles sehr gut überstanden und sich einige der Fäden gleich selbst gezogen.

Gina entwickelte sich prächtig. Sie stolzierte gut gelaunt mit hochgestelltem Schwanz und furchtlos zwischen den großen Pferden dahin. Sie war keine Minute ruhig und jagte alles, was sich bewegte. Wir hatten viel zu lachen mit ihr.

Gina liebte die ätherischen Öle nicht unbedingt, aber nach einem Tag, wo sie es sehr wild getrieben hatte und müde und zerknautscht wieder nach Hause zurückkam, ließ sie sich gerne von mir mit Kokosöl, Myrrhe und Copaiba streicheln, und es war so, als wüssten wir beide, wie gut es ihr tat. Wenn sie nach einem regnerischen Tag mit nassem Fell und Pfoten von draußen kam und mein Aroma-Diffuser den Duft von Patschuli und Nelke in den Raum blies, dann legte sie sich mit Vorliebe in der Nähe des Diffusers nieder, der nahe ihrem Schlafplatz stand, und schlief behaglich ein.

Nach meiner Erfahrung können Katzen von der Wirkung ätherischer Öle sehr profitieren, wenn sie maßvoll und mit Bedacht angewendet werden.

Allerdings empfehle ich, nur die Öle zu verwenden, die nach höchstem Standard hergestellt sind und eine vertrauensvolle Herkunft nachweisen. Mit minderwertigen und synthetischen Ölen wird man keine Erfolge erzielen. Im Gegenteil, sie können sehr viel Schaden anrichten. Mit hochwertigen Ölen dagegen kann man sich selbst und sein Haustier sehr glücklich machen.

TIPP ZUR ANWENDUNG

Gina, das Stallkätzchen und Lavendel:

- Ätherisches Öl: Lavendel
- Anwendung: Lavendel für die verklebten Augen; Kamille, Geranie, Weihrauch für die Massage; Myrrhe, Copaiba, Patschuli und Nelke im Aroma-Diffuser zur Entspannung.

Diese Öle wurden verwendet: Lavandula angustifolia; Chamaemelum nobile, Pelargonium graveolens, Boswellia carteri; Commiphora myrrha, Copaifera reticulata, Pogostemon cablin, Syzygium aromaticum

Die häufigsten Probleme bei Katzen

Symptome – Ursache – Behandlung – Prävention

Allergie:

Symptome:

- Vielschichtig: Nahrungs-, Umwelt- und emotionale Allergene u.a.

Ursache:

- Hyperatives Immunsystem u.a.

Behandlung:

- Eine Rückenmassage mit Ölen, die mit reinem Pflanzenöl stark verdünnt werden. Von dieser Ölmischung nimmt man pro Anwendung nur 2-3 Tropfen.
- Ätherische Öle: Basilikum, Copaiba, Lavendel, Pfefferminze, Weihrauch, Antimikrobielle Ölmischung
- Nahrungsergänzung: Sulfur-MSM, Grüne Spirulina Algen, Omega-3
- Vernebeln mit dem Aroma-Diffuser: Einige Tropfen einer Antimikrobielle Ölmischung in den Raum vernebeln.

Prävention:

- Gesunde Ernährung
- Umgebung frei von Giftstoffen

Arthritis:

Symptom:

- Schmerzende Glieder u.a.

Ursache:

- Mangelhafte Ernährung u.a.

Behandlung:
Dr. Melissa Shelton empfiehlt das folgende Programm, das sie erfolgreich in ihrer Praxis statt herkömmlichen NSAID Entzündungshemmern einsetzt:

1. Nahrungsergänzung: Copaiba, Wolfsbeerensaft, Omega-3, Sulfur-MSM, Nahrungsergänzung für Knochen, Sehnen und Muskeln
2. Mit Copaiba streicheln.
3. 1 Tropfen Copaiba ins Katzenklo geben, wenn der Katze der Geruch angenehm ist.
4. Andere Öle: Balsamtanne, Weihrauch, Immortelle, Lavendel, Zitronengras, Pfefferminze, Wintergrün, Ölmischung gegen Schmerzen

Prävention:

1. Gesunde Ernährung
2. Gemäßigter Sport (Verletzungsgefahr vermeiden) u.a.

Arthritis: Die Katze und ihr Wintergrünöl – Ein Erfahrungsbericht:

In letzter Zeit bemerkte ich, wie meine Katze Finni sich abmühte, zu mir hinaufzuspringen, wenn ich am Computer arbeitete. Sie sprang oft nur zögerlich zu mir hoch, als wollte sie sich schonen. Dazu kam noch, dass sie es eigenartigerweise gar nicht mehr mochte, wenn ich ihr den Rücken streichelte.

Finni hatte Rückenschmerzen.

Ich tropfte 2-3 Tropfen **Wintergrünöl*** in starker Verdünnung auf ihren Rücken und rieb das Öl ein. Nach kurzer Zeit streckte sie mir sogar ihren Rücken hin, um das Einreiben zu erleichtern. Sie liebte diese Massage.

Danach setzte Finni sich gewöhnlich auf meinen linken Computerarm und schnurrte. Es war nach einer Behandlung mit Wintergrünöl sichtlich einfacher für sie zu springen.

TIPP ZUR ANWENDUNG

Arthritis und das Wintergrünöl:

- Ätherisches Öl: Wintergrün*
- Anwendung: Das ätherische Öl (stark verdünnt) jeden 2. Tag auf den Rücken massieren.
- Bei Arthritis merken die Katzen genauso wie die Menschen Wetterumschwünge, die ihnen eventuell nicht gut tun. Je nach Wohlbefinden kann man die Massage dann alle zwei Tage wiederholen.
- *ACHTUNG bei der Anwendung von Wintergrünöl! Stelle sicher, dass du ein nach therapeutischem Standard hergestelltes Wintergrünöl an deiner Katze verwendest. Dann kannst du das Wintergrünöl entweder pur auftragen und deine Katze damit streicheln oder es mit einem Pflanzenöl verdünnen und so auftragen.

Dieses Öl wurde verwendet:
Gaultheria procumbens

Diabetes:

Symptome:

- Durst
- Große Harnmengen
- Gewichtsverlust
- Anfälligkeit für Infektionen u.a.

Ursachen:

- Chronische Störung des Zuckerstoffwechsels, Insulinresistenz
- Bluthochdruck
- Fettstoffwechselstörungen u.a.

Behandlung:

1. Die Zusammenarbeit mit dem Tierarzt ist wichtig.
2. Ernährungsumstellung
3. Ätherisches Öl: Mit 1 Tropfen des ätherischen Öls Ocotea (Ocotea quixos) die Katze streicheln und 1 Tropfen in das Katzenklo geben.
4. Andere Öle: Geranie, Kiefer, Myrrhe, Ylang Ylang
5. Nahrungsergänzung: Grüne Spirulina Alge, Omega-3, Sulfur-MSM

Durchfall: Siehe Kapitel Hunde

Haarbälle:

Symptome:

- Erbrechen von Haarbällen

Ursache:

- Chemische Gifte in der Ernährung und im Haushalt u.a.

Behandlung:

1. Ätherisches Öl: Mit 1 Tropfen der Ölmischung für die Verdauung streicheln.
2. Andere Öle: Lavendel, Majoran, Wacholder
3. 1 Tropfen der Ölmischung für die Verdauung ins Katzenklo geben.
4. Ernährungsumstellung: Getreidefrei, keine Eier oder Milchprodukte.

Prävention: Vermeidung von Haushaltsgiften

Harnwegserkrankung:

Symptom:

- Schmerzen beim Wasserlassen
- Blut im Harn u.a.

Ursache:

- Virale Infektion
- Stress u.a.

Behandlung:

1. Ätherisches Öl: Mit Copaiba streicheln.
2. Andere Öle: Baldrian, Elemi, Eucalyptus polybractea, Lavendel, Thymian, Wacholder u.a.
3. Vernebeln mit dem Aroma-Diffuser: Abwechselnd ätherische Öle gegen Stress und antivirale Öle vernebeln.
4. Nahrungsergänzung: Omega-3, Sulfur-MSM, Wolfsbeerensaft

Konjunktivitis:

Symptome:

- Gerötete Augen
- Vermehrter Tränenfluss
- Lichtempfindlichkeit

Ursachen:

- Bakterielle Infektion
- Virale Infektion
- Allergie bedingte Infektion u.a.

Behandlung:

1. Nahrungsergänzung: Grüne Spirulina Alge, Omega-3
2. Vernebeln mit dem Aroma-Diffuser: 3 Tropfen Lavendel und 1 Tropfen Copaiba in den Raum vernebeln.
3. Ätherische Öle: Copaiba, Lavendel, Melisse, Weihrauch
4. 1 Tropfen Copaiba ins Katzenklo geben.

Ohrmilben, Ohrräude, Ohrinfektion:

Symptom:

- Schwarzbraune Krusten im Ohr

Ursache:

- Milbenbefall u.a.

Behandlung:

1. Ätherische Öle: 1-2 Tropfen Antibakterielle Ölmischung auf einen Wattebausch geben und täglich damit das Ohr reinigen
2.. Mit der Antibakteriellen Ölmischung das Tier täglich streicheln.
3. Andere Öle: Zitronella, Lavendel, Melaleuca alternifolia
4. Vernebeln mit dem Aroma-Diffuser: Einige Tropfen eines ätherischen Öls oder einer Ölmischung in den Raum vernebeln.

Prävention:

Sauberkeit, vorbeugende Ohrreinigung, Öle prophylaktisch vernebeln

Talgdrüsenzyste:

Symptom:

- Geschwulst

Ursache:

- Verstopfte Talgdrüse

Behandlung:

1. Ätherische Öle: Weihrauch, Geranie, Grapefruit, Lavendel, Zitrone
2. Wöchentliche Rückenmassage mit ätherischen Ölen.
3. Öle oder Ölmischung auf die Talgdrüse auftragen.
4. Nahrungsergänzung: Sulfur-MSM, Omega-3

Talgdrüsenzysten auf dem Schwanz meiner Katze und das Weihrauchöl

Meine Katze ist fünfzehn Jahre alt. Als sie etwa zehn Jahre alt war, bekam sie Talgzysten an Rücken und Schwanz. Sie waren erst entzündet, platzten dann auf, trockneten aus, schrumpften und fielen schließlich ab. Doch nach ein paar Tagen tauchten sie an der gleichen Stelle wieder auf. Es wurde uns gesagt, dass das für ältere Katzen normal wäre. Die Zysten schienen die Katze nicht zu stören, wenn wir diese Stellen nicht direkt berührten, während wir sie streichelten. Aber es störte mich, dass ich gegen diese infizierten Zysten nichts tun konnte. Ich hatte herkömmliche Methoden, wie das Ausdrücken der Zysten und das Auftragen von Peroxid, Neosporin® und anderen Mitteln ohne Erfolg versucht. Die Zysten kamen immer wieder zurück.

Ich hatte ein Jahr zuvor die Wirkung ätherischer Öle an mir selber kennengelernt, als ich eine Allergie entwickelte. Meine Haut war gerötet und juckte. Ich verwendete Weihrauchöl und hatte großen Erfolg damit. Mein Juckreiz war weg. Meine Ausschläge waren verschwunden. Eines Tages, während ich meine Katze streichelte, beschloss ich, **Weihrauchöl** auf ihren Zysten zu versuchen.

Zuerst tropfte ich einen Tropfen Weihrauchöl direkt auf jede Zyste. Dann rieb ich Weihrauch in meine Hände und strich über ihr Fell. Ich machte dies einmal am Tag für etwa drei bis vier Tage. Danach waren die Zysten völlig und ohne Narben verschwunden. In den kommenden Tagen und Wochen kontrollierte ich, ob die Zysten zurückwachsen würden. Es ist schon einige Monate her, und meine Katze hat keine einzige lästige Zyste mehr.

TIPP ZUR ANWENDUNG

Die Zyste und das Weihrauchöl:

- Ätherisches Öl: Weihrauch
- Anwendung: Weihrauch auf die Zyste auftragen. Öl in den Händen verreiben und damit Pfoten, Kopf und Wirbelsäule streicheln.

Dieses Öl wurde verwendet: Boswellia carteri

Erfahrungsberichte von Katzenbesitzern

Kater Spanky verliert seinen Bruder

Kathi erzählte diese Geschichte:

Ich hatte zwei 4-jährige Katzen, Spanky und Alfie. Sie waren Brüder und seit der Geburt unzertrennlich. Eines Abends im Oktober, als ich den Müll hinaustrug, schoss Alfie, der noch nie draußen das Tageslicht zu Gesicht bekommen hatte, aus der Tür hinaus ins Freie. Ich rief ihn, doch er kam nicht wieder. Ich rief wieder und wieder – kein Zeichen von Alfie. Ich machte mir große Sorgen und schreckliche Vorwürfe. Bald konnte man überhaupt nichts mehr erkennen, denn es war mittlerweile nebelig geworden, und ich musste die Suche nach Alfie abbrechen. Ich schickte seinen Bruder Spanky hinaus, damit er nach ihm suche. Ich dachte mir, vielleicht ist das die Lösung. Nach einer Weile kam Spanky ohne seinen Bruder zurück. Als sich der Nebel am nächsten Morgen klärte, entdeckte ich, dass Alfie von einem Auto überfahren wurde und sofort tot war.

Ich wusste nicht, was ich machen sollte. Bei der Arbeit fiel mir ständig etwas hinunter, ich war total unkonzentriert und konnte nicht arbeiten. Als ich meinem Chef erzählte, was passiert war, gab er mir zwei Tage frei. Er sagte: „Geh nach Hause, trauere erst einmal und kümmere dich um dich und um deinen anderen Kater. Der muss doch jetzt auch einiges durchmachen ohne seinen Bruder."

Daheim fand ich Spanky, der unruhig immer am Fenster zu sehen war. Er sprang von einem Fenster zum anderen, war immer an der Tür, schnupperte ständig und quietschte, als würde er seinen Bruder rufen. Er wollte nicht mehr essen. Auch nach zwei Tagen war ich nicht in der Lage, gleich zur Arbeit zu gehen, und meldete mich für eine Woche ab. Es war klar, ich musste mich um mich und vor allem um Spanky kümmern.

Ich kannte mich mit ätherischen Ölen aus und wusste, ich konnte zwar dort die Lösung nicht finden – die Düfte konnten Alfie nicht zurückholen – aber es gab beruhigende Mittel, die ich aus dem Bereich der ätherischen Öle kannte. An sie wandte ich mich jetzt, um Trost zu suchen und um den Schmerz besser verarbeiten zu können. Gemeinsam mit Spanky nahm ich eine Ölmischung aus **Kamille, Mandarine, Orange, Patschuli und Ylang Ylang**, die für ihre beruhigende Wirkung bekannt ist. Ich gab einen Tropfen des Öls in meine Handfläche und berührte seine Pfoten damit. Dann streichelte ich ihn damit hinter seinen Ohren und entlang seiner Wirbelsäule. Er schien sich bei dem sanften Duft sichtlich zu beruhigen.

An Spankys Verhalten bemerkte ich, dass meine Hingabe, meine Streicheleinheiten und meine Umarmungen, die ich ihm gab, ihm wohl auch geholfen haben, wieder ins Leben zurück zu finden. Sie haben ihm geholfen, seinen Verlust zu verschmerzen und anzunehmen. Der abgemagerte Spanky fing schließlich wieder zu fressen und zu trinken an, und zu meiner Freude begann er wieder mit mir zu spielen.

TIPP ZUR ANWENDUNG

Ätherische Öle für die Seele:

- Ätherische Ölmischung mit beruhigenden Ölen: Kamille, Mandarine, Orange, Patschuli und Ylang Ylang
- Anwendung: Öl in den Händen verreiben und damit Pfoten, Kopf und Wirbelsäule streicheln.

Diese Öle wurden verwendet: *Chamaemelum nobile, Citrus reticulata, Citrus sinensis, Pogostemon cablin, Cananga odorata*

Haarverlust oder Die schöne Angorakatze ist zurück! (Antibakterielle Ölmischung)

Paul erzählte: „Im letzten März wurde unsere Katze Taiga von irgendeinem Insekt unter dem Kinn gebissen und entwickelte eine allergische Reaktion. Über die nächsten Monate begann sie Haarbüschel an Schwanz und am unteren Rücken aus ihrem Fell zu verlieren.

Ihr ehemaliges volles weißes Angorafell – lang, weich und kuschelig – wurde spärlich und zeigte kahle Stellen. Ich gab ein paar Tropfen einer *Antibakteriellen Ölmischung* aus ***Melaleuca alternifolia*, Rosmarin und Zitronella** zur Reinigung und Desinfektion in ihr Katzenklo, um sie gegen Bakterien zu rüsten. Dann streichelte ich ihr Fell mit ein wenig Lavendelöl, um ihre Haut zu beruhigen.

Im Laufe der nächsten Wochen kehrte ihr Pelz wieder zu seiner früheren Pracht und Schönheit zurück, und ich hatte meine Angorakatze wieder."

TIPP ZUR ANWENDUNG

Wie du Haarverlust mit ätherischen Ölen begegnest:

- Ätherische Öle: Lavendel, Antibakterielle Ölmischung
- Anwendung: Lavendel in das Fell streicheln. Die Antibakterielle Ölmischung in das Katzenklo geben.

Diese Öle wurden verwendet: Lavandula angustifolia, Melaleuca alternifolia, Rosmarinus officinalis u.a.

Die Katze mit dem verletzten Auge (Weihrauch und Lavendelöl)

Ein Erfahrungsbericht:

Wir haben drei Himalaya-Katzen, und Quirlie, die kleinste, war sehr ängstlich. Sie wird von den anderen zwei eher gemieden. Eines Tages entkam Quirlie, als der Paketzusteller die Türe öffnete. Sie musste sich wieder einmal erschreckt haben und stürmte Hals über Kopf davon. Sie war noch niemals draußen auf der Straße! Wir suchten die Katze überall, riefen ihren Namen, aber sie war nicht da. Am Morgen fand ich Blutflecken auf dem Garagenboden, aber von Quirlie war immer noch keine Spur. Ich rief und suchte sie zwei Tage lang, bis ich sie endlich im Haus in einem Versteck entdeckte.

Als ich sie nach zwei Tagen endlich fand, sah ich ihre furchtbare Verletzung am Auge. Quirlie musste von einer anderen Katze angefallen worden sein. Sie war traumatisiert und hatte sichtlich große Schmerzen. Die arme Kleine hatte zwei Tage und zwei Nächte hier allein, unter Schmerzen und ohne etwas zu essen oder zu trinken verbracht.

Ich brachte sie in das Wohnzimmer und begann, ihr verletztes Auge vorsichtig mit Aloe Vera Gel zu pflegen. Dann trug ich eine stark verdünnte Lavendelölmischung um das Auge herum auf. Als ich sie in die Tierheilpraxis brachte, schaute sich die Tierärztin das milchige Auge an und war besorgt, dass sich das Auge noch weiter infizieren könnte. Sie sagte: „Wenn wir die Infektion gut unter Kontrolle bekommen, dann wird Quirlie fast zu 90% wieder sehen können." Sie gab uns Antibiotika für die Infektion und Augentropfen mit.

Als ich heim kam, verabreichten wir die Medizin alle zwei Stunden rund um die Uhr über das Wochenende, wie angeordnet. Dazu fügte ich noch etwas hinzu. Ich machte eine Ölmischung aus **Weihrauch** und **Lavendel** in reinem Pflanzenöl und trug sie mit einem Wattestäbchen vorsichtig auf das Augenlid auf. Dann deckte ich das Ganze behutsam mit einer Rosensalbe ab. Das tat ich zweimal am Tag.

Da ich mir um die Stärke der Infektion große Sorgen machte, wollte ich aus meinen ätherischen Ölen alle Register ziehen, die ich nur konnte. Also holte ich meinen Aroma-Diffuser heraus, gab ein paar Tropfen Weihrauch und andere antibakterielle Öle wie **Teebaumöl**, **Rosmarin** und **Zitronengras** hinein, schaltete ihn an und vernebelte sie in den Raum.

Als wir nach einigen Tagen zur Kontrolluntersuchung in die Tierklinik kamen, war die Tierärztin erstaunt, wie gut sich Quirlie erholt hatte. Sie sagte: „Ich habe so eine gute und rasche Heilung sehr selten erlebt. So wie das Auge jetzt heilt, bin ich mir eigentlich sicher, dass Quirlie wieder fast so gut wie früher sehen wird."

Nun wurde Quirlie von den anderen beiden Katzen nicht mehr gemieden, im Gegenteil. Sie war ja jetzt die Große unter ihnen, denn sie war als einzige von ihnen schon einmal draußen auf der Straße gewesen, hatte einiges durchgemacht und konnte viel erzählen.

TIPP ZUR ANWENDUNG

Die Katze, der nächtliche Ausflug und das verletzte Auge:

- Ätherische Öle: Lavendel, Rosmarin, Teebaumöl, Weihrauch, Zitronengras u.a.
- Anwendung: Lavendelöl stark verdünnt in reinem Pflanzenöl oder Aloe Vera Gel in großem Bogen um das Auge auftragen. (Achtung, dass nichts ins Auge gelangt.)

Diese Öle wurden verwendet: Lavandula angustifolia, Rosmarinus officinalis, Melaleuca alternifolia, Boswellia carteri, Cymbopogon flexuosus

Meine Katze und ihre Ohrenschmerzen (Lavendel)

Meine Katze Trixi hielt ihr rechtes Auge geschlossen, faltete das Ohr nach vorne und sah aus, als hätte sie große Schmerzen. Katzen sind extrem tapfer. Sie zeigen niemals Schmerzen. Aber ich wusste, sie litt. Ich rief den Tierarzt an und vereinbarte einen Termin. In der Zwischenzeit dachte ich mir, vielleicht ist ihr Ohr entzündet oder vereitert. Mit einem Wattestäbchen versuchte ich, das Ohr zu reinigen, aber zu finden war nichts.

Dann gab ich etwas **Lavendel** auf meine Hand und streichelte sie damit, um sie für ihren Arztbesuch zu beruhigen. Mein Mann schaute mich an: „Das wird ihrem Ohr aber nicht helfen." „Ich will Trixi ja nur für den Tierarztbesuch beruhigen", entgegnete ich.

Ich erinnerte mich, einen Artikel über die beruhigende Wirkung von Lavendelöl bei Babies gelesen zu haben. Also dachte ich, das probiere ich jetzt aus. Ich nahm einen Tropfen Lavendel auf meinen Finger und rieb es hinter Trixis Ohr. Ein wenig davon gab ich auch ins äußere Ohr, aber nicht in den Ohrkanal. Sie rannte los. Doch nach zehn Sekunden kam sie zurück und legte sich neben mich. Ihr rechtes Auge war jetzt wieder geöffnet, und sie hielt ihr Ohr ganz normal. So verschob ich den Tierarztbesuch auf den nächsten Tag und beschloss, ein Auge auf sie zu haben.

Trixi sah nicht mehr danach aus, als hätte sie Schmerzen. Sie benahm sich ganz normal. Doch ich wiederholte die Lavendel-Anwendung an jenem Abend, bevor ich zu Bett ging, noch einmal. Am nächsten Morgen war sie munter wie immer.

TIPP ZUR ANWENDUNG

Ohrenschmerzen und das Lavendelöl:

- Ätherisches Öl: Lavendel
- Anwendung: Mit dem Öl (verdünnt) das Außenohr einreiben.

Dieses Öl wurde verwendet: *Lavandula angustifolia*

Meine Katzen haben jetzt ein Hilfsmittel für Herpes, es heißt: Pfefferminze

Ich habe eine ältere Katze. Sie heißt Kate. Ihr ganzes Leben lebt sie schon mit einem Herpesvirus, den sie von ihrer Mutter übernommen hatte. Sie niest ständig, hustet, hat wässrige Augen und Atembeschwerden. Diese Atembeschwerden sind die lästigsten Symptome, die sie durch ihren Katzen-Herpes mit sich herumträgt. Meine Tierärzte verschrieben Medikamente, um die Symptome zu lindern, aber sie sagten auch, dass es dafür keine Heilung gebe. Wir versuchten ein neues Medikament für sie, doch das half überhaupt nicht, im Gegenteil, sie erbrach ständig.

Ich stoppte die neue Medizin und versuchte es mit Pfefferminzöl. Wenn ich selbst eine Sinusinfektion oder Atembeschwerden habe, verwende ich dieses Pfefferminzöl. Also, so dachte ich, könnte es auch Kate helfen, und gab ein wenig davon auf ihren Nasenrücken und ihre Kehle. Ich wählte bewusst diese Stellen, weil ich wusste, dort kam sie mit ihrer Zunge nicht hin, um es abzulecken.

Danach rieb ich mit meinen nach Pfefferminz duftenden Händen sanft ihr Fell. Das wiederholte ich einige Tage. Bald stoppte das Niesen und Husten; auch die Atembeschwerden waren nach einiger Zeit verschwunden.

TIPP ZUR ANWENDUNG

Katzen-Herpes – Akute Erkrankung der Atemwege:

- Ätherische Öle: Pfefferminze, Lavendel
- Anwendung: Das Öl verdünnt auf Nasenrücken und Kehle des Tieres auftragen.

Diese Öle wurden verwendet: *Mentha piperita, Lavandula angustifolia*

Wie man den Gestank von Katzenurin mit Zitronenöl neutralisiert

Ich ging in das Tiergeschäft, wo meine Freundin Sandra arbeitete. Sie kannte sich mit Tieren sehr gut aus. Ich fragte sie: „Sandra, mein Kater Gizzi macht neuerdings immer ein paar Tropfen auf das Handtuch, das vor seinem Katzenklo liegt. Diesen Geruch von Katzenurin bringt man unmöglich aus den Dingen heraus." Sandra antwortete: „Hier im Fachgeschäft habe ich kein spezielles Bio-Produkt. Du könntest das Handtuch mit Essig waschen, aber der stinkt ja auch. Zu Hause habe ich ganz tolle ätherische Öle. Komm abends nach der Arbeit bei mir vorbei, und ich zeige dir etwas."

Als ich abends bei ihr war, gab sie mir Zitronenöl und erklärte, wie ich damit umgehen sollte. Ich gab also ein paar Tropfen Zitronenöl auf das Handtuch, bevor ich es in die Waschmaschine steckte, und fügte auch noch ein paar Tropfen am Ende des Waschzyklus hinzu. Gizzis Handtuch duftete nach Zitronenöl!

TIPP ZUR ANWENDUNG

Wie man den Gestank von Katzenurin mit Zitronenöl neutralisiert:

- Ätherisches Öl: Zitrone
- Anwendung: Zitronenöl im Wasch- und Spülvorgang der Waschmaschine verwenden.

Dieses Öl wurde verwendet: Citrus limon

Meine streunende Katze brachte Flöhe mit nach Hause (Eukalyptusöl)

Meine Indoor Katze Lili, die immer versuchte zu entwischen, entkam eines Tages nach draußen und kehrte erst nach zwei Tagen wieder zurück. Als sie endlich wieder zu Hause war, brachte sie Flöhe mit. „Lili, wo warst du denn, du bist ja voller Flöhe", sagte ich verärgert und kämmte mit dem Flohkamm konzentriert Lilis Fell, um ja keinen Floh zu übersehen. Neben mir stand ein Schälchen mit Seifenwasser für die lästigen Plagegeister.

Ich wollte nicht in die Apotheke laufen und Chemikalien gegen Läuse und Flöhe kaufen, um damit Lilis Fell zu behandeln. Also forschte ich in meinem Handbuch der ätherischen Öle nach und fand, dass **Eukalyptusöl** die Wirkung hat, Flöhe mit seinem starken Geruch zu vertreiben. Außerdem schützen die antibakteriellen und entzündungshemmenden Eigenschaften des Eukalyptusöls Lilis Haut, die von Flohbissen juckte.

So gab ich einen Tropfen Eukalyptusöl auf Lilis Nacken, und nach kurzer Zeit, bei täglicher Anwendung, war sie flohfrei.

TIPP ZUR ANWENDUNG

Wie Eukalyptusöl Flöhe vertreibt:
Ätherisches Öl: Eukalyptus

- Anwendung: Ein wenig Eukalyptusöl (verdünnt) auf den Nacken geben.
- Andere ätherische Öle, die bei Flohbefall zum Einsatz kommen können, sind u.a. Lavendel und Geranie.

Diese Öle wurden verwendet: *Eucalyptus radiata; Lavandula angustifolia, Pelargonium graveolens.*

Die abenteuerliche Mia und das Lavendelöl: Wie Lavendel bei Schnittwunden und Abschürfungen hilft

Meine kleine Katze Mia liebt das Abenteuer. Es vergeht kaum eine Woche, in der sie nicht mit einer Schramme oder Verletzung nach Hause kommt. So auch letzte Woche. Sie kam nach Hause und hatte offensichtlich die Bekanntschaft mit einer Autostoßstange gemacht. Ihre Stirn war abgerieben, sie hatte einen großen Schnitt auf der Wange und ihr Auge war teilweise geschlossen.

Ich brachte sie zum Tierarzt, der mir versicherte: „Das Auge ist unverletzt." Dankbar atmete ich auf. Zu Hause trug ich **Lavendelöl** auf die abgeschürfte Haut und die Schnittwunde auf. Das wiederholte ich täglich einmal. Vom ersten Tag an war klar, dass meine Katze erstaunlich schnell heilte. Ihr Auge ist jetzt ganz offen, der Pelz wächst auf der Wange nach und Mias Schnittwunde hat sich geschlossen.

TIPP ZUR ANWENDUNG

Wie Lavendel bei Schnittwunden und Abschürfungen hilft

- Ätherisches Öl: Lavendelöl
- Anwendung: Das Öl verdünnt um das Auge und unverdünnt auf offene Hautstellen und Schnittwunden geben.

Dieses Öl wurde verwendet: *Lavandula angustifolia*

Wie man verklebte Katzenaugen mit Lavendel wieder aufbekommt

Meine Katze baute ihr Zuhause in einem kleinen Schrank und brachte dort drei Babykätzchen zur Welt. Nach einiger Zeit entwickelte eines der Kätzchen ein verklebtes Auge, das es nicht öffnen konnte. Ich überlegte und beschloss, einen Tropfen Lavendel auf einen Socken zu geben und ihn auf den Schrankboden zu legen. Am nächsten Morgen war das Auge geöffnet, und das Katzenkind sah wieder ganz normal aus.

TIPP ZUR ANWENDUNG

Wie man verklebte Katzenaugen mit Lavendel wieder aufbekommt:

- Ätherisches Öl: Lavendel
- Anwendung: 1 Tropfen Lavendelöl auf einen Socken geben und in die Nähe des Tieres mit dem Augenproblem legen.

Dieses Öl wurde verwendet: Lavandula angustifolia

6 Pferde

„Ich habe ein wunderbares Pferd,
es hat die Leichtigkeit des Windes und des Feuers Hitze,
aber wenn sein Reiter es besteigt,
ist seine Sanftmut nichts als die Ruhe vor dem Ausbruch des Sturmes."
William Shakespeare

Pferde, unsere treuen Begleiter

Einst stürmten sie über die Steppen Afrikas und Zentralasiens mit wehenden Mähnen und schier unbändiger Lust am Laufen. Ihr Gallop glich mehr einem Fliegen über die Savannen und Halbwüsten, und man konnte glauben, sie wären auf der Flucht. Ein unbeschreibliches Schauspiel und erhebendes Gefühl, das heute nur mehr ein Reiter auf dem Rücken seines Pferdes nachempfinden kann. Die Sehnsucht nach unendlichen Weiten und ein unbändiger Drang nach Freiheit waren ihnen bereits vor sechsundfünfzig Millionen Jahren in die Wiege gelegt; denn so lange ziehen sie schon über diese Erde.

Pferd, Zebra, Esel, sie alle gehören zur Gattung *Equus*. Vor etwa 5.000-6.000 Jahren unserer heutigen Zeitrechnung fanden das Hauspferd und der Hausesel schließlich Eingang in den häuslichen Raum. Sie wurden als Trag-, Zug- und Reittiere eingesetzt. Heute ist das Reiten ein Hobby und Sport geworden, und die meisten Pferdearten sind vom Aussterben bedroht.

Ätherische Öle – beliebte Hausmittel für Pferde

Hochwirksame ätherische Öle sind die besten Hausmittel für Pferde. Sie sind schnell zur Hand zur Beruhigung von Emotionen. Auch zur Entspannung von überstrapazierten Muskeln nach einem schnellen Ausritt sind ätherische Öle wohltuend und hilfreich. Sie pflegen kleine Wunden und Abschürfungen, reinigen die verletzte Stelle und leiten den Heilungsprozess ein. Mit ihren Düften vertreiben sie sogar die lästige Fliegenplage und können an heißen Sommertagen eine willkommene Erfrischung sein. Ätherische Öle sind für Pferd und Reiter, bzw. Trainer, eine Wohltat.

Nach therapeutischem Standard destillierte ätherische Öle – und nur solche Öle sollten an Tieren verwendet werden – sind:

- Ungiftig und frei von jeglicher Verunreinigung
- Handlich und einfach anzuwenden (einatmen, einmassieren, ins Futter mischen).
- Höchst wirkungsvoll in der Anwendung bei emotionalen Problemen (Traumata)
- Immer griffbereit für kleinere und größere Pferdeprobleme.
- Ideal, um Reiter und Pferd in eine gemeinsame höhere Schwingung zu bringen, die ihnen Höchstleistungen ermöglichen.

Die Anwendung ätherischer Öle bei Pferden:

Pferde lieben ätherische Öle! Man bietet dem Pferd ein ätherisches Öl an, indem man es vor seine Nüstern hält, damit es den Duft aus dem offenen Fläschchen riechen kann. Dabei beobachtet man das Pferd. Es zeigt uns eindeutig, ob es ein ätherisches Öl haben will und daher auch für seine emotionale oder physische Gesundheit braucht – oder nicht. Das erleichtert unsere Arbeit bei der Auswahl des richtigen Öls.

Liebt es ein Öl, dann bläht es seine Nüstern auf und flehmt. Es wittert den Duft mit geöffnetem Maul und nach oben gekräuselter Lippe. Wenn das Pferd aber seine Ohren genervt zurücklegt, sich abwendet oder unruhig wird, dann hat es für dieses Öl keine Verwendung.

Nachdem das Pferd das Öl gerochen und für gut befunden hat, legt man einen Tropfen auf die Stirn – das Dritte Auge –, Scheitel, Genick bis zum Widerrist oder auf die Brust. Nicht selten leckt es das Ölfläschchen begeistert ab.

Beliebte ätherische Öle für Pferde sind:

- Copaiba
- Lavendel
- Pfefferminze
- Weihrauch
- Wintergrün
- Zitronengras

Auch Pferde haben Emotionen

Gerade Pferde, diese feinfühligen Wesen, sind für Einflüsse aller Art sehr empfänglich und lernen schnell daraus. Ob man sich ihnen verärgert, zornig oder voll Freude und Harmonie nähert, Pferde reagieren dementsprechend. Sie spiegeln unsere Emotionen wider. Fühlen sie sich bedroht, sind sie ängstlich, scheu oder aggressiv. Sie tänzeln von einem Bein aufs andere, wenn sie Unsicherheit und Unruhe signalisieren. Je länger sie negativen Einflüssen ausgesetzt sind, umso stärker prägt sich das negative Verhaltensmuster in das Erinnerungsbewusstsein der Zellen ein.

Ätherische Öle sind hier das hilfreichste und einfachste Mittel, um das Pferd von Ängsten und Traumata zu befreien und negative Programmierungen aufzulösen. Ein Tier, das verängstigt, vernachlässigt und vereinsamt ist, kann nicht glücklich sein. Es fühlt, genauso wie der Mensch. Gleichermaßen kann ein unzufriedener, nervöser Mensch nicht erwarten, ein zahmes, ausgeglichenes Pferd zu reiten. In der Kunst des Reitens werden Mensch und Tier eine Einheit – ein Gefühl, das wohl einzigartig in unserer Beziehung mit Tieren ist.

Reiten ist das Zwiegespräch zweier Körper und zweier Seelen, das dahin zielt, den Einklang zwischen ihnen herzustellen.
Waldemar Seuning

Ätherische Öle, die beruhigend wirken:

- Baldrian
- Balsamtanne
- Fichte
- Geranie
- Lavendel
- Limette und andere Zitrusöle
- Weihrauch
- Zedernholz

Ätherische Öle, die Mut machen und Sicherheit geben:

- Balsamtanne
- Bergamotte
- Wacholder
- Weihrauch
- Ylang Ylang
- Zimt
- Zistrose
- Zitronengras

Ätherische Öle, die Enttäuschungen aus der Zellerinnerung lösen:

- Fichte
- Geranie
- Ingwer
- Lavendel
- Muskatellersalbei
- Orange
- Wacholder
- Weihrauch

Die häufigsten Beschwerden bei Pferden

Symptome – Ursache – Behandlung – Prävention

Fliegenplage:

Behandlung:

Man mischt Pfefferminze, Geranie oder Lavendel in Wasser und besprüht damit das Pferd, um Fliegen und andere Insekten fernzuhalten. Für einen länger anhaltenden Effekt kann man das ätherische Öl in Pflanzenöl mischen und auftragen. Zu beachten ist, keine Zitrusöle auf der Weide zu verwenden, denn sie sind photosensitiv und könnten unter der Einwirkung der Sonne auf der Haut brennen.

Huferkrankungen: Hohle Wand – Infektion im Huf des Pferdes, Fußfäule

Symptom:

- Eine bakterielle Hufinfektion, die sehr schmerzhaft und ansteckend ist und sich durch üblen Geruch bemerkbar macht.

Ursache:

- Sommerhitze und Luftfeuchtigkeit lassen die Haut zwischen den Hufen aufreißen und können den Fuß mit Bakterien infizieren.

Behandlung:

1. Ölmischung: Man trägt eine Antibakterielle Ölmischung aus Zimt, Nelke, Zitrone, Rosmarin und Eucalyptus radiata mehrmals täglich unverdünnt auf die infizierte Stelle auf.
2. Ölmischung: Oder man trägt eine Ölmischung aus Römischer Kamille, Thymian und Melisse in reinem Pflanzenöl auf die Stelle auf.
3. Andere ätherische Öle: Zimt, Nelke, Lavendel, Zitronengras, Melaleuca alternifolia, Oregano und Thymian
4. Nahrungsergänzung: Nelke, Wolfsbeerensaft

Prävention:

- Das Verhindern von Verletzungen an den Füßen ist die beste Art und Weise, um Fußfäule zu verhindern.

Kolik, die häufigste Todesursache bei Pferden

Symptom:

- Unterleibsbeschwerden durch Blähung von Magen und Darm

Ursache:

- Blähung, Verstopfung, Parasiten u.a.

Behandlung:

1. Tierärztliche Behandlung
2. Während der Tierarzt unterwegs ist, streiche Lavendel oder ein anderes beruhigendes Öl auf Nüstern und Bauch. Alle zwanzig Minuten wiederholen.
3. Eine Ölmischung für die Verdauung auf den Bauch reiben.
4. Pfefferminze und eine Ölmischung für die Verdauung ins Maul geben.

Prävention:

- Übermäßiges Fressen, Aufnahme von schlechtem Futter, Trinken von kaltem Wasser nach Überhitzung (Ausritt) vermeiden.

Knochenbruch:

Symptom:

- Pferd lahmt, steht auf drei Beinen, Anschwellen der Bruchstelle, Schmerz.

Behandlung:

1. Sofortige Ruhestellung und tierärztliche Behandlung.
2. Ätherisches Öl: Zusätzlich Ingwer in Pflanzenöl mischen und einreiben. Eine warme Kompresse um das Bein legen.
3. Nachdem der Knochenbruch geheilt ist, das Bein mit einer Ölmischung aus Rosmarin und Thymian massieren. Dies kann die Bänder stärken und eine Verkalkung verhindern.

Prävention:

- Allgemeine Unfallverhütung, Ernährung u.a.

Muskelgewebe, Bänder:

Symptom:

- Schmerz u.a.

Ursache:

- Überbeanspruchung, Muskelzerrung, Muskelriss u.a.

Behandlung:

1. Ätherische Öle: Zu gleichen Teilen Lavendel und Zitronengras auftragen und bandagieren, um die Regeneration des geschädigten Muskelgewebes einzuleiten.

Prävention:

- Schonung des schmerzenden und überlasteten Muskelgewebes, Nahrungsergänzung u.a.

Parasiten:

Symptom:

Appetitmangel, Durchfall, Koliken u.a.

Ursache:

Ein Pferd bekommt Parasiten, wenn es Eier, Larven oder Würmer aufnimmt.

Behandlung:

1. Ätherische Öle: Zedernholz, Lavendel, Estragon, eine Ölmischung für die Verdauung, Eucalyptus globulus, Zitrone, Zitronengras, Melaleuca alternifolia, Pfefferminze
2. Die Ölmischung für die Verdauung und andere Öle oral verabreichen.
3. Ölmassagen

Prävention:

- Stallhygiene, Wurmkuren

Satteldruck:

Symptom:

- Schmerzhafte Druckstelle auf der Haut, Muskelschwund

Ursache:

- Nicht passender Sattel, nicht richtig positionierter Sattel, Satteluntelage u.a.

Behandlung:

1. Ätherische Öle: Balsamtanne, Teebaumöl, Niaouli, Rosmarin und Nelke
2. Öle auf den Rücken auftragen und mit Pflanzenöl, Aloe Vera Gel oder Salbe abdecken beziehungsweise die Öle in die Salbe mischen und täglich auftragen.

Prävention:

- Messung und Sattelüberprüfung (siehe Bezugsquellen am Ende des Buches)

TIPP ZUR ANWENDUNG

Wie Eukalyptusöl Flöhe vertreibt:

- Ätherisches Öl: Thymian, Pfefferminze, Copaiba, Majoran, Oregano, Nelke und Weihrauch
- Anwendung: In einer siebenwöchigen Intervall-Kur wurden die Öle jede zweite Woche morgens und abends ins Futter gemischt.

Diese Öle wurden verwendet: Thymus vulgaris, Mentha piperita, Copaifera reticulata, Origanum majorana, Origanum vulgare, Syzygium aromaticum, Boswellia carteri

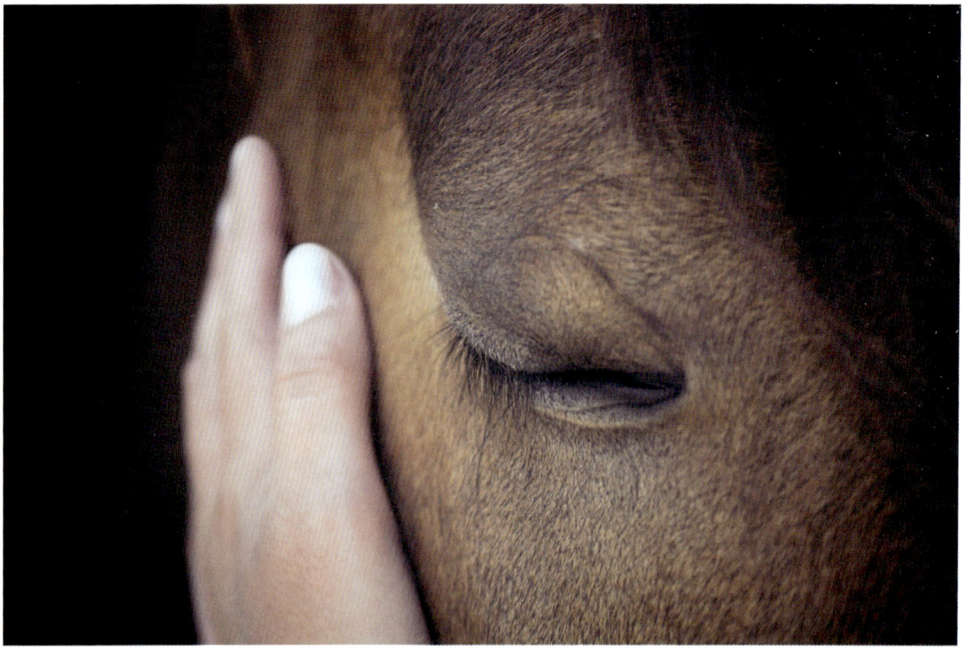

Welche wundersame Wirkung die Aromatherapie auf Pferde hat, erfährst du in den folgenden Geschichten:

Hannah Olbert ist Pferdetherapeutin und Tieraromatologin. Sie lebt in Hamburg. In ihrer Arbeit mit traumatisierten Pferden setzt sie bewusst auf die Kraft ätherischer Öle. Welche beachtlichen Erfolge und Erfahrungen sie in diesem Bereich erlebt hat, teilt sie mit uns unter anderem mit der folgenden Geschichte.

Eine traumatisierte Stute findet ins Leben zurück

Ich hatte einmal eine Stute spanischer Herkunft namens Akira zur Behandlung. Sie war von ihrem Vorbesitzer achtlos gehalten und kaum gefüttert worden. Durch den Mangel an Nahrung war sie sehr dünn. Sie trug Narben im Mund, hatte keine Mähne und keinen Schweif mehr. Ihre seelischen Wunden konnte man nur erahnen.

Akiras neue Besitzerin erzählte mir besorgt: „Sie kann nicht ruhig auf der Stelle stehen und benimmt sich, als stünde sie unter Strom. Sie wirkt so, als warte sie darauf, stets funktionieren und gehorchen zu müssen. Auf der Koppel sucht sie das sichere Abseits, um nicht mit anderen Tieren in Konflikt zu geraten. Sie geht jeder Konfrontation aus dem Weg und kann sich nicht behaupten."

Wir brachten Akira erst einmal an einen ruhigen und geschützten Ort, fernab von den anderen Herdentieren. Es ist wichtig, dem Pferd einen Raum zu geben, an dem es sich sicher fühlt und auch die Möglichkeit hat, sich frei zu bewegen.

Unsicher und verängstigt lugte sie unter ihren hängenden Augenlidern hervor. Sie war angespannt und schien ständig auf der Hut zu sein, als wenn sie sich ihrer Umgebung nicht sicher sein konnte.
Ich wollte versuchen, mit meiner ruhigen Art ihr Vertrauen zu gewinnen.

Aus meinem Aromakoffer suchte ich ein Geborgenheit schenkendes Öl aus, welches Pferde im Allgemeinen gerne riechen, das Mandarinenöl. Ich gab ein paar Tropfen davon in meine Hand und näherte mich der Stute langsam. In einem Abstand blieb ich stehen, um ihr die Entscheidung zu lassen, wie nah ich kommen dürfe. Ich hoffte insgeheim, dass das Mandarinenöl die feine Nase dieser Stute erfreuen würde. Vielleicht würde sie sogar von selber näherkommen.

Der himmlische Zitrusduft berührte Akiras Herz, und sie kam tatsächlich einen mutigen Schritt auf mich zu, um besser riechen zu können. Sie kräuselte ihre Nüstern hoch, sog den Duft des Öls ein und schnaubte, was ein Zeichen des Loslassens war. Langsam näherten wir uns immer mehr an, und ich sprach liebevoll ihren Namen. Sie ließ mich meine Hand auf ihre Stirn legen und zeigte kein Zeichen von Abwehr oder des Unbehagens. Dann streichelte ich langsam ihren Hals entlang, bis zum Rücken. Ich fühlte, wie verspannt sie war.

Mit meinen duftenden Händen begann ich ihren Rücken zu streicheln und zu massieren. Ich tropfte etwas Öl auf ihren Rücken. Nach und nach wurde sie entspannter. Ungläubig drehte sie sich einmal nach mir um, als könnte sie nicht glauben, was ihr geschah. Ich merkte, dass sie es nicht gewohnt war, auf so liebevolle und würdigende Weise behandelt zu werden.

Ich begann mit meiner Behandlung, von der ich wusste, dass sie der Stute Mut, Lebensfreude und Energie verleihen würde. Ich nahm dazu nacheinander ätherische Öle von Oregano, Thymian, Basilikum, Zypresse, Wintergrün, Majoran und Pfefferminze, die allesamt in ihrer Wirkung dazu anregen, Schlacken körperlicher und seelischer Art zu lösen und neue Möglichkeiten des Wohlbefindens zu eröffnen. Ich trug die Öle auf Rücken und Beine auf und massierte sie achtsam in Akiras Körper ein. Die ganze Massage und Behandlung dauerte fast zwei Stunden.

Am nächsten Tag rief mich die Besitzerin an und wollte wissen, was ich mit ihrem Pferd gemacht hätte. Es sei so verändert, neugierig und ausgeglichen. „Akira ist nicht mehr so verschreckt und unsicher. Sie schaut neugierig und sucht regelrecht meine Nähe und den Kontakt zu ihrer Herde. Ich bin so überrascht!"

Bei meinem nächsten Besuch war ich gespannt, ob Akira sich wohl noch an mich und meine duftenden Hände erinnern könnte. „Ich wähle heute ätherische Öle für das emotionale Wohlbefinden aus", erklärte ich der Pferdebesitzerin. „Lavendel, Römische Kamille, Zitrone, Orange, Mandarine, Bergamotte, Geranie, Majoran, Weihrauch und Neroli." Ich ließ Akira aus ihnen wählen und tropfte ihr die ausgesuchten Öle auf den Rücken. Sie ließ mich gewähren, als erinnere sie sich an das letzte wohltuende Dufterlebnis.

Behutsam begann ich die Öle einzumassieren. Anfangs beobachtete die Stute noch jede meiner Bewegungen. Sie war wie immer auf der Hut und wollte wissen, was ich machte. Nach einiger Zeit jedoch gähnte und schüttelte sich die traumatisierte Stute, senkte ihren Kopf und ging in eine tiefe Entspannung. „Sie lässt sich fallen und vertraut uns", freute sich die Besitzerin mit mir.

Zum Abschluss zeigte ich der Besitzerin, wie sie selbst das richtige Öl für ihr Pferd auswählen konnte. „Ich habe hier zwei Öle für Akira", begann ich. „Das eine ist Majoran, ein wunderbares Öl zur Muskelentspannung. Das andere ist Weihrauch, das bekannt ist für seine unterstützende Wirkung bei emotionalen Themen. Diese beiden Öle geben wir Akira jetzt zur Auswahl. Sie wird uns zeigen, welches der Öle sie heute braucht", sagte ich und schaute in die gespannten Augen der Klientin.

Ich hielt dem Pferd das offene Fläschchen Weihrauch zum Riechen hin. Sein linkes Nasenloch blähte sich zu doppelter Größe auf. Er kräuselte seine Oberlippe und schob sie nach oben, um den Duft noch tiefer aufnehmen zu können. Dann hielt ich das offene Fläschchen Majoran zum Riechen hin. Akira nahm davon mit ihrem rechten Nasenloch Notiz und wandte sich ab. Majoran war heute also nicht ihr Favorit. „Haben Sie gesehen, dass Akira das Weihrauchöl mit dem linken Nasenflügel gerochen hat?", frage ich, und die Besitzerin nickte.

„Das linke Nasenloch ist der Emotionalität zugeordnet, das rechte steht für Körperlichkeit", erklärte ich. „Pferde besitzen durch ihren hochentwickelten Geruchssinn die besondere Fähigkeit, die unterschiedlichen Aromen der Öle sehr bewusst und mit großer Feinfühligkeit wahrzunehmen. Sie analysieren die Düfte regelrecht und wählen dann bewusst aus, was sie für ihren jeweiligen Prozess brauchen. Die ätherischen Öle arbeiten auch nach der Anwendung im Gedächtnis, im Körper und in den Gefühlen weiter. Akira hat das Öl mit ihrem linken Nasenloch eingesogen. Sie wollte das Weihrauch-Fläschchen sogar ablecken, so sehr zeigte sie ihr Interesse an diesem "emotionalen" Öl", sagte ich.

Wir können also darauf vertrauen, dass uns unsere Pferde genau sagen, was sie brauchen.

Heute ist es das Weihrauchöl. Ich gab einige Tropfen auf Akiras Rücken und erzählte dabei: „Das Weihrauchöl ist auch bekannt als das heilige Öl. Es heißt, Weihrauch richtet das Herz und Gemüt auf das Wesentliche und hilft, Trauer und Gram zu überwinden und loszulassen." Akira stand ganz ruhig da. An ihrer Körpersprache und Körperhaltung merkten wir, dass sie sich entspannte und das Öl ganz tief in sich aufnahm.

Meine Klientin staunte. Sie hatte ihre Akira noch nie so in sich ruhend gesehen. Ich erklärte ihr weiterhin: „Ätherische Öle sind durch ihren unmittelbaren Kontakt zu unserem emotionalen Gedächtnis ein starkes Werkzeug. Die Düfte gehen in das Erinnerungszentrum des Gehirns, wo eine Art „Duftbibliothek" angelegt ist und beginnen dort zu arbeiten. So können sie helfen, das emotionale Gleichgewicht wiederherzustellen, und es können auch tiefsitzende Traumata gelöst und aufgearbeitet werden."

Ich suchte vier emotional unterstützende Öle aus meinem Aromakoffer und gab sie der Pferdebesitzerin mit. „Tropfen Sie täglich ein paar Tropfen von Mandarine, Bergamotte, Weihrauch oder Majoran auf den Rücken des Pferdes und reiben Sie das Öl ein, so wie ich es vorgemacht habe. Lassen Sie Akira ein Ölfläschchen nach dem anderen riechen. Sie wird Ihnen zeigen, welches Öl sie jeweils braucht. Berichten Sie mir gelegentlich, wie es Akira geht."

Nach einiger Zeit rief die Pferdebesitzerin an: „Akira macht sich prächtig! Sie ist jetzt in der Herde integriert und läuft auf der Koppel mit den anderen. Das gewonnene Selbstwertgefühl lässt Akiras Augen leuchten, und sie erobert jeden Tag neues Terrain!"

TIPP ZUR ANWENDUNG

Die traumatisierte Stute:

- Ätherische Öle für emotionales Wohlbefinden sind Weihrauch, Lavendel, Römische Kamille, Zitrusdüfte, Geranie, Majoran, Neroli u.a.
- Anwendung: Das Öl auf den Rücken tropfen und einmassieren.

Diese Öle wurden verwendet:
Boswellia carteri oder Boswellia sacra, Lavandula angustifolia, Chamaemelum nobile, Citrus limon, Pelargonium graveolens, Origanum majorana, Citrus aurantium u.a.

Wie ätherische Öle die Wundheilung unterstützen

Eine Pferdehalterin kam mit ihrem Pferd zu mir. Es hatte eine Wunde am Bein. Sie wusste nicht, ob sich das Pferd am Weidezaun verletzt hatte oder ob es in Konflikt mit einem anderen Ross geraten war. Diese Wunde wollte einfach nicht heilen, obwohl die Besitzerin schon mit allerlei natürlichen Mitteln gearbeitet hatte. Sie hatte Arnika-Salbe auf die Stelle aufgetragen und die Wunde mit Johanniskrautöl gesalbt, aber beides half nicht. Sie hatte dem Pferd homöopathische Mittel oral verabreicht, um die Wundheilung zu fördern. Trotzdem wollte die Wunde nicht ausheilen.

Ich schaute mir die verkrustete Wunde an. Da die Kruste so lange nicht abgeheilt war, wusste ich, dass sie in der Tiefe vereitert sein musste. Daraufhin gab ich dem Pferd zwei Tropfen Weihrauchöl auf die Wunde und zeigte der Pferdebesitzerin, wie sie diese Anwendung täglich zu Hause wiederholen konnte.

Weihrauch hat hervorragende entzündungshemmende und wundheilende Eigenschaften. Ich erhoffte mir, dass das Weihrauchöl in die Tiefe der Haut eindringen, die Kruste aufbrechen, den Eiter von innen nach außen holen und den Heilungsprozess damit einleiten würde.

Zusätzlich zur Wundbehandlung führte ich auf dem Rücken des Pferdes eine Aroma-Massage durch. Dazu machte ich mir eine Mischung aus Weihrauch und Kokosöl. Damit wollte ich die Selbstheilungskräfte des Pferdes anregen, damit es sich selbst heilen konnte; denn Weihrauchöl ist auch dafür bekannt, das Immunsystem anzuregen.

Einige Tage später rief mich die Klientin an und fragte ängstlich: „War das mit dem Weihrauchöl wirklich richtig? Die Wunde ist wieder aufgegangen und eitert stark?" „Das ist super", sagte ich. „Genau das haben wir bezweckt, dass die Kruste abfällt und die Wunde sich öffnet und von innen nach außen heilt. Das Eiter muss abfließen. Haben Sie Vertrauen und machen Sie die Anwendung ruhig weiter."

Nach drei Tagen rief die Klientin erneut an und berichtete: „Sie haben recht! Der Eiter wird immer weniger und die Wunde, die anfänglich sehr groß war, wird immer kleiner. Ich habe das Gefühl, sie wird vollständig zuheilen." „Ja, machen Sie weiter", bestärkte ich sie.

Nach einiger Zeit kam die Klientin in meine Praxis und strahlte: „Danke für Ihre Hilfe! Die Wunde ist so schön verheilt. Man sieht nicht einmal eine Narbe." Ich lachte und sagte: „Manchmal braucht der Körper nur einen kleinen unterstützenden Impuls, um sich selbst heilen zu können."

TIPP ZUR ANWENDUNG

Wundheilung und das Weihrauchöl:

- Ätherisches Öl: Weihrauch
- Anwendung: Weihrauch mit Kokosöl mischen und auf die Stelle auftragen.

Dieses Öl wurde verwendet: Boswellia carteri

Rezepte aus der kleinen Stallapotheke:

Mit einigen ätherischen Ölen, einem biologischen Pflanzenöl für die Verdünnung und den folgenden Rezepten kannst du dein Pferd mit einer Aromapflege verwöhnen.

Rezept für Wundheilung:

- 1 TL Kokosöl
- 2 Tr. Weihrauchöl

Anleitung: Weihrauchöl mit Kokosöl vermischen und auf die Stelle auftragen.

Rezept zur Muskelentspannung:

- 15 Tr. Balsamtanne
- 12 Tr. Basilikum
- 10 Tr. Majoran
- 8 Tr. Fichte
- 4 Tr. Wintergrün
- 250 ml Kokosöl oder ein anderes biologisches Pflanzenöl

Anleitung: Ätherische Öle mit Kokosöl oder einem anderen biologischen Pflanzenöl verdünnen und auf die Stelle reiben.

Rezept gegen lästige Insekten:

Ich sehe oft, wie Pferde am ganzen Körper mit chemischen Mückensprays behandelt werden. Dabei läuft mir stets ein kalter Schauer über den Rücken.

Hier ist eine natürliche Alternative zu den herkömmlichen, mit Giften beladenen Insektensprays.

- 15 Tr. Eucalyptus radiata
- 10 Tr. Pfefferminze
- 10 Tr. Melaleuca alternifolia
- 250 ml Wasser

Anleitung: Eine Sprühflasche aus Glas mit Wasser und ätherischen Ölen füllen und vor Gebrauch gut schütteln.

Rezept für eine Einreibung bei schmerzenden Muskeln:

- ½ Tasse Kaiser Natron
- Kübel mit Wasser, halbvoll
- Ätherische Öle nach Wahl, z.B.
  - 3 Tr. Ingwer
  - 3 Tr. Lavendel
  - 5 Tr. Pfefferminze
  - 5 Tr. Wacholder
  - 10 Tr. Wintergrün

Anleitung: Die ätherischen Öle in Kaiser Natron gut einrühren, mit etwas Wasser auflösen und in einen Wasserkübel geben. Warmes Wasser ist angenehm für schmerzende Muskeln, kaltes Wasser ist bei Entzündungen angeraten.

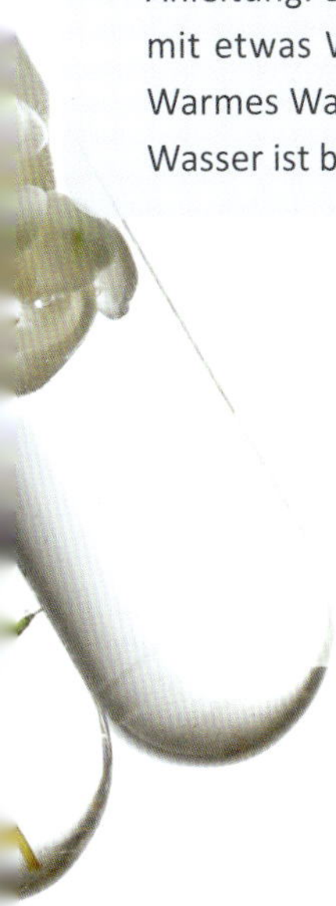

Rezept für eine Einreibung mit Aloe Vera Gel bei schmerzenden Muskeln:

- Aloe Vera Gel
- Ätherische Öle (wie oben)

Anleitung: Aloe Vera Gel und ätherische Öle vermischen und auftragen. Bei Bedarf eine Bandage um das Gelenk wickeln, beziehungsweise Wärme- oder Eispacks auflegen, um die Wirkung zu erhöhen.

„Das Öl für pure Lebensfreude" und der Irish Tinker Merlin

Tieraromatologin Claudia Iris Russ erzählt:

Manchmal bitten mich meine Klienten, wenn sie ein Pferd kaufen wollen, mit ihnen mitzugehen und mit ihnen das Pferd anzuschauen und auszusuchen. So begleitete ich eines Tages Melanie zum Pferdekauf. In dem Handelsstall entdeckten wir ein völlig verwahrlostes Fohlen. Es konnte nicht mehr aufstehen, war stark abgemagert und schien nur noch auf den Tod zu warten. Man hatte dieses arme Ding offensichtlich schon aufgegeben. Niemand kümmerte sich um das Tier. Der tief traurige Blick des kleinen Kerls ließ Melanie und mich nicht mehr los, und so nahmen wir dieses Fohlen mit. Es erhielt den Namen Merlin.

Wir machten ihm einen Schlafplatz im Stall, den wir mit viel Stroh aufschütteten, um ihm ein weiches Lager zu bereiten. Nun mussten wir ihm die richtige Nahrung heranschaffen. Wir füllten einen niederen Futtertrog mit der richtigen Menge an Fohlenfutter und schleppten einen Eimer mit Wasser heran, das wir vorsichtig in eine niedere Wanne leerten. Merlin musste zu seinem Futter einen leichten Zugang haben, damit er fressen würde. Dann würde er an Gewicht zunehmen und kräftig werden, so hofften wir. Sogar unsere Stallkatze kam vorbei und beschnupperte Merlin, als würde sie sich auch Sorgen um ihn machen.

Wir setzten uns zu ihm, und ich nahm ein duftendes Öl auf meine Hände und streichelte Merlin ein bisschen damit. Von diesem Duft erhoffte ich mir Inspiration, um herauszufinden, was dem Fohlen fehlte. „Ich habe das Gefühl, diesem Pferd fehlt es an Lebenskraft und Freude. Er ist für sein Alter nicht kräftig genug. Ich werde für ihn zwei Ölmischungen zusammenstellen: Eine für mehr Energie und die andere für mehr Lebensfreude. Wer weiß, was der Kleine schon alles mitgemacht hat. Lass es uns versuchen und schauen, was passiert", schlug ich vor.

Ich bereitete also zwei Ölmischungen: Die eine mit kräftigenden Ölen aus Balsamtanne, Muskat, Nelke, Pfeffer, Rosmarin, Wacholder, Zitronengras für mehr Energie; die andere mit Düften, die Lebensfreude wecken sollten, nämlich Bergamotte, Geranie, Jasmin, Mandarine, Römische Kamille, Rose, Ylang Ylang und Zitrone. Ich zeigte Melanie, wie sie ein paar Tropfen dieser Ölmischung täglich auf Merlins Rücken geben und einreiben sollte.

Bald entwickelte Merlin Appetit. Es dauerte nicht lange, da stand er auf. Das war ein ermutigendes Zeichen für den Genesungsprozess. Auch seine Augen bekamen wieder Glanz. Aus dem ausgehungerten Fohlen wurde ein Pferdchen, das gerne und mit großem Appetit aß. Es war munter und trieb allerlei Späßchen. Bald waren mit Merlin schon kleine Spaziergänge möglich.

Er genoss die tägliche Ölmassage, roch gerne an den Fläschchen und stellte sich ruhig hin, wenn Melanie oder ich ihn massierten. Nach etwa zehn Tagen dieser Massageanwendung mit der Ölmischung für Lebensfreude wurde offensichtlich, dass er genügend *Freude* in seinen Zellen abgespeichert hatte und nicht mehr so viel Interesse an diesem Öl zeigte. Er hatte genug davon. Man konnte ja sehen, dass er die Freude in Person war.

Merlin ist inzwischen erwachsen geworden und ein wunderschönes Pferd – lebensfroh, verspielt und voll Vertrauen zu den Menschen in seiner Umgebung. Wenn ich heute die Fotos von einst betrachte, treibt es mir immer noch die Tränen in die Augen – aber diesmal aus einer tiefen Dankbarkeit heraus, dass es diesem wundervollen Pferd so gut geht.

TIPP ZUR ANWENDUNG

Das Öl für Energie und pure Lebensfreude:
Eine Ölmischung für Energie, die Schwung ins Leben bringt, um schneller wieder zu Kräften zu kommen: Balsamtanne, Muskat, Nelke, Pfeffer, Rosmarin, Wacholder und Zitronengras.
Eine Ölmischung für Lebensfreude, um wieder Freude am Leben zu finden: Bergamotte, Geranie, Jasmin, Mandarine, Römische Kamille, Rose, Ylang Ylang und Zitrone.
Anwendung: Ein paar Tropfen einer dieser Ölmischungen auf den Rücken tropfen und einmassieren.

Diese Öle wurde verwendet:

- Energie: Abies balsamea, Myristica fragrans, Syzygium aromaticum, Piper nigrum, Rosmarinus officinalis, Juniperus osteosperma, Cymbopogon flexuosus
- Lebensfreude: Citrus bergamia, Pelargonium graveolens, Jasminum officinale (Absolue), Citrus reticulata, Chamaemelum nobile, Rosa damascena, Cananga odorata, Citrus limon u.a.

Erfahrungsberichte von Pferdebesitzern

Muskelschwund des Pferdes mit Antioxidantiensaft rückgängig gemacht

Meine Stute Meyla war zehn Jahre alt. Eigentlich war sie fünfunddreißig Jahre alt, denn zehn Pferdejahre sind etwa fünfunddreißig Menschenjahre. Also war meine Meyla schon alt geworden.

Wenn sich ein Pferd in der Nacht zum Schlafen nicht mehr hinlegt, dann ist es ein Zeichen dafür, dass das Pferd weiß, dass es zu schwach ist, um wieder aufzustehen. Wenn ein Pferd nicht wieder aufstehen kann, dann weiß es, dass das sein sicherer Tod ist. Es weiß, dass keiner ihm helfen wird aufzustehen. Die alten Pferde schlafen daher nicht mehr im Liegen, sondern im Stehen. Sie werden immer schwächer und schwächer, bis sie eines Tages nicht mehr können. Sie wissen instinktiv, wann der Zeitpunkt des Sterbens gekommen ist.

Meine Meyla litt an Muskelschwund und Rückenschmerzen. Daher hatte sie auch angefangen, im Stehen zu schlafen und sich nicht hinzulegen. Ich wollte, dass sie die letzten Jahre ein gutes Leben hatte. Also fing ich auf Empfehlung meiner Tierärztin mit Nahrungsergänzungen und mit dem Zusatz von ätherischen Ölen an, die ich ihrer Nahrung zusetzte.

Nach einigen Wochen mit 60 ml Wolfsbeerensaft, zweimal täglich, hatten sich ihr Muskeltonus drastisch verbessert und ihre Kräfte stark zugenommen. Meyla legte sich wieder zum Schlafen nieder, weil sie merkte, dass sie aufstehen konnte. Die Kraft war zurückgekommen, und Meyla verbrachte noch ein paar wunderbare Jahre mit uns.

TIPP ZUR ANWENDUNG

Muskelschwund beim Pferd: (Muskelatrophie, Muskeldystrophie)
Nahrungsergänzung: Wolfsbeerensaft, 120 ml täglich

- Ätherische Öle: Majoran, Lavendel, Zitronengras, Zypresse, Pfefferminze und Wintergrün
- Anwendung: Die Öle einmassieren (streicheln).

Diese Öle wurden verwendet: Origanum majorana, Lavandula angustifolia, Cymbopogon flexuosus, Cupressus sempervirens, Mentha piperita, Gaultheria procumbens

Pferd Nina und die Atemprobleme (Oregano, Thymian, Basilikum, Zypresse, Wintergrün, Majoran und Pfefferminze)

Das Pferd Nina hatte Probleme beim Atmen. Ihre Flanken bewegten sich schnell und unregelmäßig. Sie schien angestrengt durch die Nüstern einzuatmen. Ich rief unsere Tierheilpraktikerin an und beschrieb ihr Ninas Zustand: „Das Pferd steht traurig und niedergeschlagen da. An Appetit ist nicht zu denken. Immer wieder schnauft sie unregelmäßig." „Ich kann in einer Stunde bei Ihnen sein", beruhigte sie mich.

Ich führte Nina inzwischen in einen staubfreien Stall, um ihr das Atmen zu erleichtern. Dann holte ich den Aroma-Diffuser aus meiner Küche und stellte ihn im Stall nahe des Pferdes auf. Ich gab einige Tropfen einer *Antimikrobiellen Ölmischung* aus **Zimt, Zitrone, Gewürznelke, Rosmarin** und **Eukalyptus** hinein und schaltete ihn ein. Diese Mischung hat mir selber schon bei Atembeschwerden geholfen. Daher dachte ich, das könnte jetzt auch Nina helfen.

Die Tierheilpraktikerin kam, schaute sich Nina genau an und sagte: „Gott sei Dank ist es keine Lungenentzündung. Oft haben Stallpferde nicht genügend Licht, Luft und Bewegung. Dieser Stress schwächt ihr Immunsystem und macht sie anfälliger für Infektionen." Sie öffnete ihren Aromakoffer und sagte: „Wir machen jetzt eine Woche lang täglich eine Massage, um Ninas Immunsystem zu stärken. Dazu verwenden wir stark antimikrobielle Öle, und zwar **Oregano, Thymian, Basilikum, Zypresse, Wintergrün, Majoran und Pfefferminze**." Sie stellte die Öle in der Nähe des Pferdes auf. Dann fügte sie hinzu: „Ich zeige Ihnen jetzt, wie Sie die Massage selbst einmal pro Tag an Nina anwenden können."

Ich beobachtete, wie die Tierheilpraktikerin ein Öl auftropfte und mit zarten Streichbewegungen in den Rücken des Pferdes einarbeitete. So arbeitete sie ein Öl nach dem anderen ein. Nina senkte den Kopf entspannt und zeigte keinerlei Anzeichen von Ungeduld oder Unbehagen, im Gegenteil. Sie stand still, als würde sie diese Behandlung genießen.

Während die Tierheilpraktikerin mir die einzelnen Massagegriffe zeigte, erklärte sie die Wirkung dieser Öle. „Diese ätherischen Öle bringen Sauerstoff in die Zellen. Viren können in einer sauerstoffreichen Umgebung nicht leben und sterben ab. Die Öle reinigen den Körper von Keimen und Schlacken. Dadurch wird das Immunsystem angekurbelt. Das Pferd bekommt mehr Kraft und Energie, was sich wiederum positiv auf das gestärkte Immunsystem auswirkt."

Ich machte täglich eine Ölanwendung bei Nina. Die kam ganz von selbst angelaufen, wenn sie mich mit den Düften kommen sah. Sie reckte den Kopf nach den Fläschchen und versuchte, mit ihrer Zunge daran zu lecken. Das zeigte mir, dass ich die richtige Anwendung für sie gefunden hatte. Nach etwa sechs Tagen war die Atmung normal, und sie konnte wieder ohne Probleme galoppieren.

TIPP ZUR ANWENDUNG

Pferd Nina und die Atemprobleme:

- Ätherische Öle: Oregano, Thymian, Basilikum, Zypresse, Wintergrün, Majoran, Pfefferminze
- Anwendung: Ein paar Tropfen der Öle (verdünnt) auf den Rücken geben und sanft einmassiert.
- Achtung: Nicht vergessen, ausschließlich Wintergrünöl verwenden, das nach therapeutischem Standard hergestellt wurde.

Diese Öle wurden verwendet: Origanum vulgare, Thymus vulgaris, Ocimum basilicum, Cupressus sempervirens, Gaultheria procumbens, Origanum majorana, Mentha piperita

Das kranke Fohlen Pipo sollte eingeschläfert werden (Antimikrobielle Ölmischung)

Das Fohlen Pipo wurde am 1. Juni in die klinische Tierambulanz eingeliefert. Es stellte sich heraus, dass er eine Operation wegen seiner Probleme mit dem Ischiasnerv brauchte. Nachdem er drei Wochen !ang dort in Behandlung war, entwickelte er eine Infektion am Knochen, die sich schnell ausbreitete. Nach weiteren zwei Wochen mit Antibiotika war die Infektion noch immer gravierend. Sie sprachen davon, ihn einzuschläfern.

Ich war entsetzt und schrie innerlich: „Das will ich nicht! Wieso muss man ein Pferd gleich einschläfern? Wir haben doch noch nicht alles probiert! Da muss es doch etwas geben, das ihm hilft!" Tränen schossen mir in die Augen, und ich schüttelte entschlossen den Kopf: „Wenn die Antibiotika nicht helfen und er zum Tode verurteilt ist und wenn ihm ohnehin niemand mehr helfen kann, dann werde ich es eben selbst versuchen! Ich werde alles tun, um ihm zu helfen!" Und ich nahm Pipo mit nach Hause.

Sofort konsultierte ich meine Tieraromatologin und erzählte ihr Pipos Geschichte: „Ich habe ein gesundes Tier ins Krankenhaus gebracht, das ein Problem mit dem Ischiasnerv hatte. Dort hat er einen tödlichen Krankenhauskeim eingefangen, und nun habe ich ein todkrankes Pferd mit nach Hause bekommen." Bewegt hörte sie zu und versprach, noch am selben Tag vorbeizukommen, um nach Pipo zu sehen.

„Er hat 39 Grad Fieber", stellte sie später fest. Wir verwenden heute Abend eine Ölmischung aus **Zimt, Gewürznelke, Zitrone, Majoran** und **Eukalyptus** auf seinem Rücken", schlug sie vor und fügte hinzu: „Ich vertraue darauf, dass diese Öle die Infektion zurückdrängen werden, selbst wenn Antibiotika es nicht geschafft haben!" Sie wollte in der Früh wieder vorbeischauen. Am nächsten Morgen war seine Temperatur auf 37 Grad gesunken!

Ich war überglücklich. Das Mittel hatte gewirkt. Also war das für mich die Bestätigung dafür, mit der Behandlung fortzufahren.

Die Tieraromatologin zeigte mir, wie man die Öle auf dem Rücken des Pferdes anwendet. Sie wolle starke antibakterielle Öle gegen die Infektion einsetzen und sagte: „Wenn eine einzige Ölmischung gestern Abend dem Pferd schon so geholfen hat, dann werden diese sieben Öle seiner bakteriellen Infektion erst recht helfen. **Oregano, Thymian, Basilikum, Zypresse, Wintergrün, Majoran** und **Pfefferminze** sind starke antibakterielle Öle!" Diese Anwendung sollte ich täglich zwei Wochen lang machen, um die Infektion einzudämmen.

Nach diesen zwei Wochen brachte ich Pipo für ein Check-up in die Tierklinik. Die Veterinärmediziner konnten nicht glauben, dass es das gleiche Fohlen war, das sie einschläfern wollten. Pipo ging es deutlich besser, jedoch war noch eine Restinfektion vorhanden, stellten die Ärzte fest und sagten zu mir: „Egal was Sie mit diesem Fohlen gemacht haben, machen Sie weiter, und diese Restinfektion wird auch verschwinden."

TIPP ZUR ANWENDUNG

Das kranke Fohlen Pipo, die Knocheninfektion und die Antimikrobielle Ölmischung:

- Ätherische Öle: Eine Antimikrobielle Ölmischung aus Eucalyptus radiata, Nelke Rosmarin, Zimt und Zitrone.
  Antibakterielle Öle: Basilikum, Majoran, Oregano, Pfefferminze, Thymian, Wintergrün, Zypresse
- Anwendung: Ein paar Tropfen der Öle auf den Rücken geben und einmassieren.

Diese Öle wurden verwendet:

- Antimikrobielle Ölmischung: Eucalyptus radiata, Syzygium aromaticum, Rosmarinus officinalis, Cinnamomum verum, Citrus limon
- Antibakterielle Ölmischung: Ocimum basilicum, Origanum majorana, Origanum vulgare, Mentha piperita, Thymus vulgaris, Gaultheria procumbens, Cupressus sempervirens

Patricia Rickmeyer ist Tierheilpraktikerin und Aromatherapie-Expertin für Tiere. Sie hat ihre Praxis in Bayern. Hier liest du die Geschichte von einer Klientin und dem Pferd Quick und wie Patricia diesem Pferd nach einem Rennunfall wieder auf die Beine half.

Der Reitunfall, MRSA und eine besondere Ölmischung (Balsamtanne, Lavendel, Kamille, Weihrauch)

Eine Klientin erzählt:

Mein Pferd Quick lief als Traber auf der Rennbahn. Bei einem unglücklichen Rennunfall geriet er unter seinen Sulky. (Ein Sulky ist ein einachsiger Wagen. Der Fahrer sitzt knapp hinter dem Pferd.) Bei dem Aufprall mit dem Wagen hatte sich Quick schwere Verletzungen zugezogen. Er hinkte und musste Schmerzen gehabt haben, als er aus dem Renngeschehen geborgen wurde. Die Bänder der Hinterhand waren stark überdehnt. Das Pferd brauchte Ruhe und viel Zeit, um wieder heilen zu können. Zum Glück kam er in einer Herde unter. Das Trabrennen war wohl für immer vorbei. Noch schlimmer war es, dass die Folgen seines Unfalls ihn noch lange begleiten sollten.

Immer wieder passierte es, dass er beim Kontakt mit anderen Pferden mit der Vorderhand einknickte und fiel. Der arme Quick entwickelte dadurch am Gelenk eine Schleimbeutelentzündung. Man konnte die Verunsicherung des Tieres spüren. Er setzte langsam und bedächtig einen Schritt vor den anderen, um nicht wieder zu fallen. Vorsichtig wich er zurück und brachte sich in Sicherheit, wenn andere Pferde vorbeirannten.

Bei einem Krankenhausaufenthalt wurde er zu allem Überfluss noch mit den gefährlichen multiresistenten MRSA Keimen angesteckt. Diesen Keimen sind schon so manche Tiere (und Menschen) zum Opfer gefallen; denn sie sind multiresistent und sprechen auf herkömmliche Antibiotika in der Regel nicht an. Die Tierheilpraktikerin empfahl, **Thymianöl** in sein Futter zu mengen, denn es ist höchst antimikrobiell und antiviral. Zusätzlich wurde Quick osteopathisch behandelt. Er bekam Laserakupunktur, seine verklebten Muskelketten wurden gelöst und der Energiefluss der Meridiane wieder zum Fließen gebracht.

Ich entwickelte für ihn ein schonendes Programm, wo er anfangs nur langsam an der Longe im Kreis ging, um Sicherheit und Standfestigkeit zu üben. Mit zunehmenden Kräften wurden seine steifen, unsicheren Schritte weicher und elastischer. Mit seiner gestärkten Beinmuskulatur konnte er bald wieder traben und einfache Hürden nehmen. Ich trainierte jeden Tag mit ihm, und Quick machte Fortschritte. Es ging bergauf.

Doch dann folgte der nächste Rückschlag. Quick war wieder gestürzt! Er hielt den Kopf steif. Seine Halswirbel waren verrenkt und die Muskulatur verkrampft. Am Kopf hatte er Schürfwunden. Ich rief die Tierheilpraktikerin an, die auch gleich kam. „Zuerst muss ich seine verspannten Muskeln lösen, um die Koordination und das Gleichgewicht wiederherzustellen", sagte sie und holte aus ihrem Medizinkoffer ein Fläschchen heraus. „Was ist das?", fragte ich. „Das ist eine Ölmischung aus ätherischen Ölen", erklärte sie. „Sie besteht aus **Balsamtanne, Lavendel, Römischer Kamille, Mandarine, Weihrauch** und **Zistrose**, die ich für solche Fälle immer in meinem Aromakoffer dabei habe, um mit einer Behandlung zu beginnen."

Während sie ein paar Tropfen der Mischung in ihre Hand tropfte und damit das wunde Knie vorsichtig einrieb, fuhr sie fort und sagte: „**Balsamtanne** ist dafür da, um emotionale Blockaden zu lösen sowie Erdung und Sicherheit zu vermitteln. **Römische Kamille** und **Lavendel** verwendet man zur Entspannung." Sie hielt mir die Hand hin, damit ich riechen konnte, und sagte: „Wenn man genau riecht, kann man **Mandarinenduft** erkennen. Das soll Angst und Stress lindern. Dann ist auch noch **Weihrauch** drin, das Kraft und Zuversicht schenkt, sowie die **Zistrose**, die das Nervensystem beruhigt und die Wundheilung fördert", erklärte die Tierheilpraktikerin.

„Das ist ja unglaublich", rief ich aus. „So viele Öle und Wirkungen in einem kleinen Fläschchen!" „Ja", sagte die Therapeutin. „Diese Ölmischung wird sogar *Tierheilpraktiker im Fläschchen* genannt. Ich verwende sie immer zur Beruhigung und als energetischen Ausgleich vor einer Behandlung, auch um die ungeteilte Aufmerksamkeit eines Tieres auf mich zu lenken."

Quick sprach auf diese Ölmischung erstaunlich gut an. Er wurde ruhig, als das duftende Öl behutsam auf seine Beine und Knie massiert wurde. Er senkte den Kopf bereitwillig, um diese Ölmischung auf seinen Nacken und die Schultern auftragen zu lassen. Wir vereinbarten, dass die Therapeutin einmal pro Woche vorbeikommen und eine Ölanwendung auf seinem Rücken machen sollte. „Ich werde antibakterielle Öle wie **Oregano, Thymian, Basilikum, Zypresse, Wintergrün, Majoran** und **Pfefferminze** einmassieren und versuchen, die Infektion in den Griff zu bekommen", sagte sie.

Nach etwa vier Wochen, mit je einer Behandlung pro Woche, erklärte die Tierheilpraktikerin mir zufrieden: „Die Infektion ist gebannt. Diese Ölanwendung hat drei Dinge bewirkt: Einmal konnte die MRSA-Infektion mit der Kraft der antibakteriellen Öle komplett ausgeheilt werden. Zweitens konnten sich Muskeln und Sehnen durch die Anwendung entspannen. Die Entzündungen sind langsam abgeklungen. Und drittens hatte sich Quick von der Angst und Unsicherheit zu fallen erholt."

Quick wurde mit dem Zunehmen seiner Muskelkräfte immer mutiger, denn er begann wieder mit der Herde zu rennen. Vielleicht erinnerte er sich an seine ruhmvolle Laufbahn als Traber, die ihm so viel Spaß gemacht hatte.

TIPP ZUR ANWENDUNG

Der Reitunfall, MRSA und eine Mischung aus Balsamtanne, Lavendel, Kamille und Weihrauch

- Ätherische Öle: Eine Mischung aus Balsamtanne, Lavendel, Römische Kamille, Mandarine, Weihrauch und Zistrose
- Antibakterielle Öle: Oregano, Thymian, Basilikum, Zypresse, Wintergrün, Majoran und Pfefferminze werden auf den Rücken einmassiert.
- Anwendung: Die ätherischen Öle auf Beine, Nacken, Schultern und Rücken auftragen. Ein paar Tropfen der antibakteriellen Öle auf den Rücken geben und einmassieren.

Diese Öle wurden verwendet:

- Abies balsamea, Lavandula angustifolia, Chamaemelum nobile, Citrus reticulata, Boswellia carteri, Cistus ladanifer
- Antibakterielle Öle: Origanum vulgare, Thymus vulgaris, Ocimum basilicum, Cupressus sempervirens, Gaultheria procumbens, Origanum majorana, Mentha piperita

7 Für alle großen und kleinen Tiere

Ob Pferde, Kühe, Esel, Schafe oder Ziegen, sie alle profitieren von denselben ätherischen Ölen wie Hunde, Katzen, Hasen, Hamster, Frettchen und Vögel, nur die verabreichte Menge ist anders. Die Dosierungen für alle Huftiere sind dieselben wie in der Anwendung bei Pferden.

Wie du die richtige Anwendung und Dosierung für dein Haustier findest

Am Ende des Buches findest du eine Liste mit den Anwendungen ätherischer Öle nach Beschwerdebildern sowie der Dosierung nach den jeweiligen Tiergattungen: **Große Tiere** wie Pferde, Kühe, Esel, Ziegen, Schafe, **Mittelgroße Tiere** wie Hunde, **Kleine Tiere** wie Katzen und kleine Hunde, Hamster und Meerschweinchen, und **Ganz kleine Tiere** wie Vögel.

Hier ist eine Geschichte aus dem Ziegenstall.

Milchproduktion bei unseren Milchziegen mit Fenchel erhöht

Meine zwei Milchziegen Mikie und Maki geben nicht so viel Milch, wie ich es gerne hätte. Die brütende Sommerhitze muss wohl daran Schuld sein. Bevor ich in den Stall ging, nahm ich deshalb noch schnell mein Fenchelöl mit. „Drei Tropfen **Fenchelöl** in einem Glas Wasser getrunken, haben bei meinem letzten Baby meinen Milchfluss erhöht", dachte ich mir. „Ich probiere dieses Öl jetzt einfach an meinen Ziegen aus!"

Ich tropfte für Mikie und Maki je drei Tropfen Fenchelöl in ihr Futter und habe sie dann wie üblich gemolken. Als ich am nächsten Tag in den Stall kam, bemerkte ich sofort, dass etwas anders war. Bei unseren zwei Mädchen tropfte die Milch schon heraus, und sie warteten geduldig darauf, gemolken zu werden.

An jenem Tag hatten wir so viel Milch, dass der Hund und die Katze mehr abbekamen als üblich, weil der Eimer schon überfloss! Unsere zwei kleinen Milchziegen gaben fast zwei Liter Milch mehr am Tag, nur wegen drei Tropfen Fenchelöl in ihrem Futter!

TIPP ZUR ANWENDUNG

Milchproduktion bei unseren Milchziegen mit Fenchel erhöht:

- Ätherisches Öl: Fenchel
- Anwendung: Jeder Ziege 3 Tropfen Fenchelöl ins Futter mischen.

Dieses Öl wurde verwendet:
Foeniculum vulgare

Wie behebt man die unangenehmen Gerüche in Käfigen und Ställen

Geruchskontrolle im Hasenstall

Ich besuchte Martha, die einen Hasenstall mit dreiundzwanzig Hoppelhäschen betreute. Dementsprechend sprühte ich mich ausreichend mit meinen duftenden Ölen ein, bevor ich auf den Bauernhof fuhr. Ich wollte Martha ja nicht vor den Kopf stoßen, aber ich habe eine sehr gute Nase, und es war zu erwarten, dass es in einem Hasenstall nicht gerade nach Rosen duftete.

Als sie mich stolz zu ihren kuscheligen Lieblingen in den Stall führte, hielt ich vorsorglich schon einmal ein wenig die Luft an, um meine empfindliche Nase nicht zu sehr zu kränken. Zu meinem großen Erstaunen roch es hier aber gar nicht nach beißendem Ammoniak. Martha lachte, denn sie musste meinen verdutzten Blick und meine Erleichterung richtig gedeutet haben: „Es riecht hier gar nicht nach Hasenstall. Wir verwenden nämlich eine *Antibakterielle Ölmischung* aus **Teebaumöl, Zitronella und Rosmarin** zum Auswaschen und Sterilisieren der Hasenstallungen; und dort drüben läuft der Aroma-Diffuser, den du mir einmal empfohlen hast. Erinnerst du dich noch?"

„Ja, das ist ja schon wieder zwei Jahre her!", antwortete ich und dachte an das Telefongespräch. Damals war Martha richtig verzweifelt gewesen. Sie hatte ein riesiges Geruchsproblem in ihrem neuen Hasenstall. Sie liebte diese kleinen Fellnasen und beschloss, einen Teil ihres Bauernhofs für die Hasenfamilie zu adaptieren. Dass ein Hasenstall stinken kann, daran hatte sie nicht im Entferntesten gedacht.

„Da hilft nur eines", hatte ich ihr damals geraten. „Kauf dir einen Aroma-Diffuser, und zwar *einen Diffuser, der nur das ätherische Öl vernebelt, also ohne Wasser arbeitet.* Dadurch hast du für den großen Hasenstall mehr Aroma-Power in der Luft. Ich weiß zwar nicht, ob so ein kleiner Diffuser einen ganzen Stall „geruchsfrei" machen kann, aber du solltest es auf jeden Fall probieren."

„Ich habe deinen Rat befolgt", strahlte Martha. „Seither habe ich das Geruchsproblem im Griff. Sobald ich morgens den Diffuser einschalte, vertreiben die ätherischen Öle den typischen Hasengeruch. Der Stall ist innerhalb von fünf bis zehn Minuten total „geruchsfrei"! Dann fügte sie hinzu: „Und weißt du, was das Beste daran ist? Die Hasen lieben die aromatischen Düfte dieser Ölmischung. Sobald sie den Duft von **Zimt, Nelke, Zitrone, Eukalyptus und Rosmarin** riechen, beginnen ihre Langohren beglückt zu zucken, und sie sehen richtig entspannt aus."

Ich beglückwünschte Martha zu ihrem Erfolg, und als ich meinen Blick anerkennend umherschweifen ließ, entdeckte ich ihr zweites Geheimnis zum geruchsneutralen Hasenstall. Ich zeigte begeistert auf ihren **antibakteriellen Haushaltsreiniger**. „Natur pur!", rief ich beglückt aus. „Ja, seitdem ich den duftenden Aroma-Diffuser verwende, kann ich die penetrant stinkenden chemischen Reinigungsmittel nicht mehr ertragen. Ich habe sie alle entsorgt und mit einem einzigen biologischen Reinigungsmittel ersetzt, das die Arbeit von all den anderen herkömmlichen Mitteln zusammen erledigt. Es reinigt die Wände, wäscht die Putztücher, scheuert den Stallboden und spült die Wassertöpfe und Fresströge."

Nachdem wir den Tieren Lebewohl gesagt und uns zum Gehen gewandt hatten, sagte Martha: „Ich bin dir so dankbar für diesen Aroma-Diffuser und die ätherischen Öle, die du mir empfohlen hast. Du hast mir jede Menge Stress und Krankheiten bei den Hasen erspart. Die Tiere sind hier im Stall ja quasi eingesperrt. Sie können nicht hinaus auf die weite Wiese, um ihre Geschäftchen zu verrichten. Der typische Ammoniakgeruch im Stall erzeugt Stress und Krankheiten in den Hasen. Sie haben ja auch empfindliche Nasen. Da ich diesen beißenden Geruch weggekommen habe, sind die Hasen auch nicht mehr gestresst. Dadurch gibt es viel weniger Krankheiten. Du hast mir viel Geld für Tierarzt-Rechnungen gespart. Ich danke dir."

Bei der Tierhaltung im Stall kommt es zu vermehrter Geruchsbildung, einerseits durch die konzentrierte Ammoniak-Ausscheidung der Tiere, andererseits durch Gär- und Fäulnisprozesse, die damit verbunden sind. Das wiederum zieht lästige Fliegen an. Um diesen Teufelskreis zu durchbrechen, muss die Ursache des Problems, die Geruchsbelästigung durch Bakterien, mit natürlichen Mitteln gebannt werden. Ätherische Öle sind geradezu dazu geschaffen, fäulniserregende Bakterien zu eliminieren, eine gute Atemluft zu erzeugen und lästige Fliegen im Stall in Schach zu halten.

TIPP ZUR ANWENDUNG

Wie man im Stall antibakteriell vorgehen kann, damit das Leben von Tier und Mensch auch für die Nase angenehm ist:

1. Einen Aroma-Diffuser verwenden, der unverdünnte ätherische Öle vernebelt und kein Wasser verwendet.
2. Ätherische Öle: Eine Antimikrobielle Ölmischung oder eine Antibakterielle Ölmischung zum Vernebeln verwenden.
3. Stallreinigung mit der Antimikrobiellen Ölmischung in einem biologischen Reinigungsmittel verwenden.

Diese Öle wurden verwendet:

- Antimikrobielle Ölmischung: Eucalyptus radiata, Syzygium aromaticum, Rosmarinus officinalis, Cinnamomum verum, Citrus limon
- Antibakterielle Ölmischung: Melaleuca alternifolia, Rosmarinus officinalis u.a.

Duftende Kiefernholz-Einstreu für gesunde, glückliche Tiere!

Das Verfahrenszentrum Reichstädt GmbH produziert die *Deutsche-Einstreu*, das ist duftendes Kiefernholz in Form von Pellets. Es wird als keimfreie Hygieneeinstreu für eine artgerechte und stressfreie Aufzucht von Geflügel, Kaninchen, Kuh und Co. verwendet. Die besondere Art der Herstellung durch Wasserdampfdestillation bei 120° C führt zu einem Hygienematerial der besonderen Art. Es weist einen pH-Wert von 4,2 auf und hat kraftvolle antibakterielle sowie antiseptische Wirkung.

Gesündere Tiere, deutlich geringere bis keine Antibiotika-Verwendung bei der Aufzucht, höhere biologische Leistung, geringerer Arbeitsaufwand für den Bauern und Verwendung des Ausstallproduktes in Biogasanlagen sind nur einige Vorzüge.

(Quelle: www.deutsche-einstreu.de)

Weil Kaninchen einen sehr guten Geruchssinn haben, schätzen sie den Duft des ätherischen Öls von Kiefer und anderen ätherischen Ölen und fühlen sich in ihrem Hasenstall wohl. Auch Kücken gedeihen prächtiger und stressfrei in einer duftenden Umgebung. Die Natur selbst liefert antiparasitäre und antimikrobielle Eigenschaften, die gesund und glücklich machen, ganz ohne „Chemie".

Vögel und gefiederte Tiere (Hühner, Truthähne, Gänse, Enten)

Vögel haben gewöhnlich kein ausgeprägtes Riechorgan, und man kann daher ätherische Öle leicht ihrem Trinkwasser beifügen. Die Dosierung ist 1 Tropfen ätherisches Öl auf 1 Liter Wasser. Das antivirale Melissenöl hat sich in der Praxis bewährt.

Besondere Vorsicht bei der Wahl und Menge ätherischer Öle ist bei Vögeln geboten, die gerne in ihrem Wasser baden. Sie lieben einen milden Rosenduft im Vogelbad, besonders bei Milbenbefall. Auch mögen sie einen duftenden Sprühregen auf ihr Gefieder.

Tierärztin Dr. Melissa Sheltons Federspray:

- 2 Tr. Lavendel
- 2 Tr. Zitrone
- 2 Tr. Orange
- 120 ml Glas Sprühflasche mit Wasser

In eine Glassprühflasche gibt man die ätherischen Öle und füllt mit destilliertem Wasser auf. Vor Gebrauch gut schütteln, dann zweimal täglich das Federkleid des Vogels (nicht den Kopf) damit leicht besprühen. Unsere gefiederten Freunde lieben diese wohltuende Erfrischung! Selbst die Vögel, die den Sprühregen mit einem herkömmlichen Spray sonst nicht mögen, sind von diesem Federspray mit ätherischen Ölen begeistert.

Dieses Rezept stammt aus dem Buch *Animal Desk Reference* von Dr. Melissa Shelton, eine Veterinärmedizinerin, die in ihrer Tierarztpraxis ausgiebig mit ätherischen Ölen arbeitet und überzeugt ist: „Jeder einzelne Fall in unserem Tierspital profitiert vom Einsatz ätherischer Öle."

Sie verwendet ausschließlich nach therapeutischem Standard hergestellte ätherische Öle höchster Qualität, und zwar zehnmal so viel wie oben angegeben (je 20 Tropfen in 120 ml Wasser). Falls dir diese Dosierung „viel" zu hoch vorkommt, kannst du ja stattdessen je 2 Tropfen der Öle in 120 ml destilliertem Wasser sprühen und das Vögelchen damit verwöhnen. Oder gib je 2 Tropfen in einen Aroma-Diffuser mit Wasser und vernebele das Öl. Die Tiere profitieren in jedem Fall von wertvollen ätherischen Ölen.

„Dieses Federspray-Mittel ist in meiner langjährigen Praxis ein vielfach erprobtes, täglich bei Vögeln angewandtes Mittel, um Tiere rasch und effizient zurück in ihre volle Kraft zu bringen", sagt Dr. Shelton. Kranke Tiere brauchen eben mehr Öl als gesunde, um sich rasch zu erholen (wie auch wir Menschen).

Ein Tipp: Man probiert jedes Öl, das man an seinem Tier anwenden will, zuerst immer an sich selber aus. Wenn es unangenehm für den Menschen wirkt, dann ist es mit Sicherheit auch unangenehm für kleine Haustiere und sollte noch stärker verdünnt werden.

Hühner und Truthähne trinken ihr Wasser aus Wasserspendern. Es ist sehr einfach, ihrem Trinkwasser antibakterielle Öle, z.B. die Antibakterielle Ölmischung, beizufügen, um vor „Vogelgrippe" und anderen Gefahren zu schützen. Doch Vorsicht: Ätherische Öle greifen Plastik an. Natürlich fängt man mit ganz geringen Dosen an und steigert die Menge schrittweise. Außerdem ist es wichtig, genau zu wissen, wie viel Wasser die Herde vor dem Zusetzen von ätherischen Ölen trinkt, um danach zu kontrollieren, ob die Tiere das Wasser auch annehmen. Diese Kontrolle ist wichtig.

Fische und Schildkröten

Fische profitieren von ätherischen Ölen in ihrem Aquarium oder im Teich. Parasiten, Pilze, Bakterien und Viren werden dadurch auf ganz natürliche Weise beseitigt. Ein Glasaquarium ist notwendig, nicht Plastik, wenn man mit ätherischen Ölen arbeiten will. Beliebte Öle für Fische sind Pfefferminze, Zitrone und die Antibakterielle Ölmischung – so Dr. Melissa Shelton.

- Man beginnt mit der Zahnstochermethode und steigert langsam.
- 2-4 Tropfen ätherisches Öl in einem 35 Liter Aquarium sind möglich.
- Schon 10-20 Tropfen für einen großen Teich zeitigen sichtbare Erfolge.

Schildkröten kann man die Antibakterielle Ölmischung, so wie bei Fischen beschrieben, mit der Zahnstochermethode geben.

„Jeder einzelne Fall in unserem Tierspital profitiert vom Einsatz ätherischer Öle."
Dr. Melissa Shelton

TEIL II: Ätherische Öl, Ernährung, Umwelteinflüsse und Emotionen

8 Die artgerechte Tierhaltung mit den Hilfen aus der Natur

„Denn das Geheimnis des Lebens ist Liebe."

Ätherische Öle sind die lebende Essenz der Pflanzen, die das Überleben auf der Erde wesentlich mitbestimmen und aufrechterhalten. Ihre Aufgabe ist es, die gesunden Lebensprozesse von Pflanze, Tier und Mensch tatkräftig zu fördern, indem sie ein gesundes Immunsystem unterstützen. Sie wehren Viren, Bakterien und andere Mikroben erfolgreich ab, reinigen das Blut und reichern es mit Sauerstoff an. Sie leiten Mikronährstoffe effektiv zu den Zellen, reinigen und desinfizieren Wunden und leiten den raschen Heilungsprozess ein. Sie unterstützen den Organismus bei der Produktion von Hormonen, suchen freie Radikale im Körper und wandeln sie in lebenswichtige Substanzen wie Vitamin A um. Sie lindern Schmerz, erhellen das Gemüt und glätten die Emotionen. Ätherische Öle sind das geheime Lebenselixier – ein Geschenk der Natur – dazu erschaffen, das Leben der Erdenbewohner auf allen Ebenen in Balance zu halten.

Tiere, so wie wir Menschen, nehmen ätherische Öle durch das Einatmen auf. Wohlgerüche der Natur, wie ein duftender Tannenwald oder eine sommerliche Blumenwiese, erhellen das Gemüt und machen gesund und glücklich. Ätherische Öle werden ebenso durch die Nahrung aufgenommen. Pferde, Kühe, Esel, Ziegen und Schafe, Hasen, Hamster und Meerschweinchen, unsere gefiederten Freunde, die Fische im Wasser und all die anderen Tiere sind für ihr Überleben von den Pflanzen mit ihren ätherischen Ölen abhängig. Daher nennt man ätherische Öle auch „essenzielle Öle", weil sie lebensnotwendig sind.

Tiere auf der Weide suchen sich die saftigsten Gräser und die lieblich duftenden Kamillenpflanzen zuerst aus. Vögel picken frische Kerne direkt aus den Sonnenblumenblüten heraus. Tiere im Wald finden die frischen Triebe der Tannen und Fichten besonders lecker. Fische überleben im Wasser allein durch die Arbeit von Pflanzen, die Sauerstoff in ihren Lebensraum pumpen und sie ernähren.

Ätherische Öle sind also aus dem Leben nicht wegzudenken. Sorgfalt, Weisheit und Liebe sind in die Natur gelegt, um das Überleben auf der Erde zu sichern.

Die Urmedizin für Mensch und Tier

Ätherische Öle für unsere Haustiere sind keine Modeerscheinung, sondern von alters her eine Bedingung für Leben. Noch bevor Menschen und Tiere diese Erde bevölkerten, bildeten Pflanzen in ihren Adern essenzielle, also lebenswichtige ätherische Öle, die sich, dem Ruf der Evolution folgend, über einen Zeitraum von Jahrmillionen den Lebensbedingungen auf dieser Erde so genial anzupassen verstanden, dass sie selbst den Herausforderung unserer heutigen Gesellschaft gewachsen und jeder modernen pharmazeutischen Nachbildung haushoch überlegen sind.

Ätherische Öle waren die Urmedizin der Menschheit und haben ihre Bedeutung bis heute nicht verloren. Das Geheimnis ihrer Wirkkraft liegt tief in ihren Atomen begründet, die alle, mit Intelligenz ausgestattet, danach streben, mehr Leben zu manifestieren.

Ein Fläschchen hochwirksames ätherisches Öl enthält das liebende Versprechen der Natur an seine Mitgeschöpfe, dass alles gut ist. Es schenkt Hoffnung, verleiht Mut, bringt Freude und Geborgenheit in das Leben und erweckt das Herz. „Denn das Geheimnis des Lebens ist Liebe."

Daher ist es unsere Verantwortung, dieses Geschenk der Natur liebevoll zu verwalten. Nur hochwirksame, 100% reine ätherische Öle, die nach therapeutischem Standard hergestellt wurden, genügen dem Anspruch, *Duftmedizin* zu sein. Leider verfehlen 98% aller Öle am Weltmarkt diesen Qualitätsstandard, teils aus Unwissenheit, teils aus Profitgier. Alle Anwendungen in diesem Buch verstehen sich ausschließlich als Anwendungen mit ätherischen Ölen höchster Qualität. Synthetische, im Labor hergestellte ätherische Öle besitzen einfach den Schöpfergeist der Natur nicht und können daher dem ganzheitlichen Gesundheitsanspruch, den wir von hochwirksamen ätherischen Ölen erwarten, nicht gerecht werden.

Die Stärke liegt in der Einfachheit

Es ist die innewohnende Weisheit der Natur der ätherischen Öle, die Gesundheit und Heilung auf einfache, effektive Weise unterstützt. Daher braucht man für die Aromapflege bei seinen Haustieren kein kompliziertes Wissen, keine übermäßige Spezialausrüstung und auch keine große Apotheke, um erfolgreich zu sein. Es genügen ein gesunder Menschenverstand sowie Hände, die liebevoll die ätherischen Öle in die Aura unserer Schutzbefohlenen bringen, sie damit streicheln, kraulen, oder massieren, ganz wie es den Tieren gefällt. Man benötigt dazu einige immer wiederkehrende Öle, die man nach ihrer besonderen Wirkung gezielt auswählen und verwenden kann.

So gibt es zum Beispiel für alle einschlägigen Hautprobleme, von Wunden, Ekzemen über Hautirritationen bis zu Narben, ein Universalöl: das **Lavendelöl**. Es besitzt die Intelligenz, genau zu wissen, was der Körper des Tieres gerade benötigt. Bei einer Wunde beginnt es zum Beispiel augenblicklich mit der Desinfektion, bevor es die Wunde schließt. Es unterstützt die Hautregeneration tatkräftig und schafft dafür alle notwendigen Botenstoffe zur „Unfallstelle" heran. Während es den Körper versorgt, wirkt es durch seinen Duft gleichzeitig beruhigend auf den Emotionalkörper ein, um die Angst abzuleiten, Sicherheit aufzubauen und Traumata aus der Zellerinnerung zu lösen und zu löschen.

Die gesunde Ernährung für Haustiere 9

Ätherische Öle für die Verdauung

Der naturheilkundliche Zugang in der Tierheilpraxis folgt den Naturgesetzen und behandelt das Tier nicht symptomspezifisch, sondern in seiner Gesamtkonstitution. Dabei werden die körpereigenen Heilungskräfte entfacht. Ätherische Öle unterstützen jeden Heilungsprozess auf natürliche und höchst effektive Weise. Diese aromatische und flüchtige Flüssigkeit der Pflanzen, die von Blüten, Kräutern, Samen, Blättern, Rinde und Wurzeln, Büschen und Bäumen gewonnen wird, ist von alters her zur Heilung verwendet worden.

Wenn eine Kuh im Frühjahr gierig zu viel frisches Gras gefressen hat und unter Blähungen leidet, bringt eine Ölmischung aus verdauungsfördernden Ölen meist sofortige Erleichterung. Einige Tropfen der *Ölmischung für die Verdauung* – eine Mischung aus **Estragon, Ingwer, Pfefferminze, Wacholder, Fenchel, Zitronengras, Anis** und **Patschuli** – in Pflanzenöl mischen und auf den Bauch der Kuh reiben. Man sieht die Erleichterung oft unmittelbar, wenn die Winde vorne und hinten gleichzeitig losgehen.

Wenn ein Hund oder eine Katze an verdorbenem Magen, Reizdarmsyndrom oder Erbrechen leidet, ist diese verdauungsfördernde Ölmischung sehr hilfreich. Bei einer Darmgrippe oder Lebensmittelvergiftung reibt man das Öl auf Bauch und Pfoten oder krault oder massiert damit den Rücken für eine rasche Erleichterung. Sie wirkt viel besser und schneller als all die herkömmlichen rezeptfreien Mittel. Die *Ölmischung für die Verdauung* ist hilfreich bei:

- Darmgrippe
- Virusinfektionen
- Blähungen
- Durchfall
- Magenkrämpfen
- Parasiten
- Reisekrankheit
- Sodbrennen
- Verstopfung

Die *Ölmischung für die Verdauung* besteht aus acht Einzelölen, die alle sehr beruhigend auf den Magen-Darm-Trakt wirken und bei Verdauungsstörungen zusammenarbeiten, um rasche Erleichterung zu bringen:

- Anis steigert den Gallenfluss und hilft bei Darmschmerzen.
- Estragon verhindert Gasbildung und beseitigt Parasiten.
- Fenchel hilft bei Übelkeit und verhindert Gärung.
- Ingwer bekämpft Übelkeit und beugt Verdauungsstörungen vor.
- Patschuli lindert Übelkeit und verringert Flüssigkeitsstau.
- Pfefferminz ist auch hilfreich bei Übelkeit und beseitigt Parasiten.
- Wacholder reinigt die Nieren.
- Zitronengras wirkt antifungal, antiparasitär, antibakteriell und entzündungshemmend.

Die sechs wichtigsten Nahrungsergänzungen für Haustiere

Brauchen unsere Haustiere Nahrungsergänzungen? Die Gesundheitsbehörden weltweit warnen seit geraumer Zeit, dass nicht mehr genügend Nährstoffe im Boden vorhanden sind, teils durch chemiebeladene landwirtschaftliche Nutzung, teils durch gewinnträchtigen Raubbau der Anbauflächen. Es wird empfohlen, Nahrungsergänzungen zu sich zu nehmen. Was für den Menschen gilt, das gilt auch für unsere Haustiere.

Im Folgenden zähle ich die sechs wichtigsten Energielieferanten auf, die für ein gesundes und energiegeladenes Leben für unsere Haustiere (wie auch für den Menschen) essenziell sind. Nebeneffekt: Gesündere Haustiere sind weit weniger attraktiv für Flöhe und andere Parasiten!

Grüne Spirulina Algen:

Wenn man ein gutes Katzen- und Hundefutter gefunden hat, kann man seinem Schutzbefohlenen noch zusätzlich ein wenig Spirulina unter das Essen mischen. Spirulina ist eine Supernahrung, die reich an leicht verdaulichem Eiweiß, Vitaminen, Mineralien und Spurenelementen sowie essenziellen Fettsäuren ist. Ätherische Öle von Rosmarin, Zitronengras, Zitrone und Melisse können zusätzlich die rasche Absorption der Nährstoffe unterstützen.

Tierärztin Dr. Karen Becker gibt Katzen, Hunden, Vögeln und Fischen Spirulina zur Unterstützung des Immunsystems. Es sorgt auch für eine gesunde Haut und ein glänzendes Fell. Hunde lieben es, aber auch Kröten und Schildkröten. Dieser Chlorophyll-Komplex scheint den ganzen Organismus von Tier und Mensch zu nähren und unterstützt:

- Gehirn und Denkfunktionen
- Augengesundheit und Sehkraft
- Herz und vaskuläre Gesundheit
- Zellteilung und Wachstum
- Heilung von Entzündungsprozessen
- Haut und Fell
- Beweglichkeit
- Zentralnervensystem

Empfehlung von Dr. Karen Becker:

Katzen:
Man mischt ¼ – ½ TL pro Tag, auf die Mahlzeiten verteilt, in das Futter. Dabei fängt man mit ganz kleinen Gaben an. Es besteht die Gefahr der Überfütterung.

Hunde:
Kleine Hunde: ½ TL pro Tag
Mittelgroße Hunde: ¾ TL pro Tag
Große Hunde: 1 TL pro Tag
Man fängt langsam an und erhöht den Bedarf schrittweise. Es besteht die Gefahr der Überfütterung.

Vögel:
Man füttert eine ganz geringe Menge Spirulina, etwa 1-2% der gesamten Nahrung. Spirulina schenkt dem Vogel eine schöne Haut, einen gesunden Schnabel und unterstützt das Immunsystem.

Hühner:
Spirulina verstärkt die dottergelbe Farbe im Ei. Studien berichten von einer guten Immunfunktion bei Verwendung dieser Nahrungsergänzung.

Reptilien:
Spirulina schenkt der Haut Glanz, verstärkt die Leuchtkraft der Pigmente und unterstützt die allgemeine Gesundheit.

Fische:
Im Aquarium eingesetzt, lässt Spirulina die Leuchtkraft der Pigmente in den Fischen strahlen und intensiviert die Farbe. Algen sind bekanntlich die Nahrung der Fische, und Spirulina liefert, laut Dr. Karen Becker, natürliche Vitamine und Mineralien in hohem Ausmaß für eine optimale Gesundheit, essenzielle Fettsäuren zur Entwicklung der Organe, viel Eiweiß zur Unterstützung einer gesunden Haut sowie Carotinoide für eine strahlende Farbe. Da Spirulina nicht, wie normale Algen, im Aquarium wächst, fügt man eine kleine Menge davon bei.

Wolfsbeerensaft – der wohl stärkste Antioxidantiensaft:

Viele Haustiere, besonders Hunde, lieben einen Schuss Wolfsbeerensaft in ihrem Trinkwasser. Die Wolfsbeeren, auch Gojibeeren genannt, sind bekanntlich eine Supernahrung mit der stärksten antioxidativen Kraft. Der Wolfsbeerensaft ist reich an Vitaminen, Mineralien, Enzymen und Spurenelementen und besonders leicht verdaulich. Er unterstützt ein gesundes Immunsystem und hat auch noch viele besondere Eigenschaften. Zum Beispiel belegen über vierzig klinische Studien, dass Zeaxanthin, ein Bestandteil der Wolfsbeeren, eine unterstützende Wirkung auf die Augengesundheit hat.

„Als Züchter von Bosten Terrier Hunden, die oft eine angeborene Schwäche für Katarakte haben, bin ich begeistert zu sehen, wie der Ningxia Wolfsbeerensaft die Augengesundheit von Hunden nachhaltig unterstützt."

Dr. Jeannie Thompson, thewholedog.com

Die antioxidative Kraft der Wolfsbeere mit ihren achtzehn Aminosäuren und einundzwanzig Mineralien schützt die DNS, steigert die Energie und unterstützt die Darmgesundheit. Der Wolfsbeerensaft schenkt unseren Haustieren die Vitamine, Mineralien und Spurenelemente, die in der Ernährung nicht mehr ausreichend vorhanden sind, auf einfache und köstliche Art und Weise. Tiere lieben diesen Trunk.

Wie Wolfsbeeren meinen Hund wieder jung machten

Mein Hündchen Kicky hatte mit ihren sechs Jahren ständig Schmerzen. Sie ist ein kleiner Papillon, der den lieben langen Tag eigentlich hyperaktiv sein sollte. Aber sie rannte nicht mehr wie früher durch die Gegend und bellte nicht mehr wie immer bei jedem kleinsten Geräusch. Kicky rollte sich in einer stillen Ecke des Sofas zusammen und schlief sehr viel. Wenn ihr das laute Kindergeschrei zu viel wurde, verkroch sie sich und bewegte ihre Glieder so wenig als möglich. Jede Bewegung schien ihr Schmerz zu bereiten. Ihr ganzes Wesen veränderte sich durch diesen Schmerz.

Ich brachte sie mehrmals zum Tierarzt, ließ Röntgenaufnahmen machen, probierte Steroide, die nicht wirkten, und gab ihr sogar Gabapentin gegen ihre Gelenkschmerzen. Ich dachte, es könnte vielleicht helfen, aber es half nichts. Die Tierärzte waren ratlos.

Mein Mann schlug vor: „Warum versuchen wir es nicht mit dem Wolfsbeerensaft? Das trinken wir doch selber, und es ist gut für uns. Schaden wird es dem Tier nicht."

„Sicher, warum nicht? Warum bin ich nicht früher auf diese Idee gekommen?", entgegnete ich. Ich begann, ihr jeden Morgen 30 ml Wolfsbeerensaft in ihren Wassernapf zu geben. Innerhalb kurzer Zeit war sie wie ein 'neuer' Hund. Sie weinte nicht mehr vor

Schmerzen, sie sprang wieder umher und bellte bei jedem Laut. Kicky war wieder 'jung' wie eh und je.

Der Wolfsbeerensaft ist eine „Nährstoff-Infusion für den ganzen Körper", von Kopf bis Fuß. Er ist wie vorverdaut und daher auch für Tiere gut bekömmlich. Ätherische Öle von Orange, Mandarine und Zitrone können die Wirkstoffe dieses Getränks direkt in die Blutbahn und zu den Organen tragen.

Empfehlung von Dr. Jeannie Thompson:
Je nach Konstitution und Körperbeschaffenheit gibt man dem Tier zu Beginn den Saft nur tropfenweise zum Trinkwasser und steigert die Menge nach Verträglichkeit. (Je kränker das Tier, desto mehr Wolfsbeerensaft braucht es.) Man stellt neben dem Wasser mit dem Wolfsbeerensaft auch immer eine zweite Schüssel mit reinem Wasser hin.

Hüftprobleme bei einer deutschen Schäferhündin:

Wir haben eine deutsche Schäferhündin, die zwölf Jahre alt ist. Sie bekam täglich eine Kapsel Sulfur-MSM ins Hundefutter, bis die Dose schließlich leer war. Ich vergaß nachzubestellen. Innerhalb von zwei Wochen begann sie zu hinken. Sie hatte Probleme mit ihrer Hüfte und dem Vorderbein und litt sichtlich Schmerzen. Ich wollte sie schon zum Tierarzt bringen, als an jenem Tag meine Sulfur-Nahrungsergänzung per Post eintraf. Innerhalb weniger Tage war mein Mädchen wieder die Alte. Ich überlegte immer wieder, ob dieses **Sulfur-MSM**-Mittel Knochen und Muskeln unterstützen könne, aber jetzt weiß ich es. Es ist ja bekannt, dass Deutsche Schäferhunde im Alter Hüftdysplasie bekommen.

Sulfur-MSM: Lebenswichtige Enzyme

MSM (Methylsulfonylmethane) Enzyme als Nahrungsergänzung sind die beste Unterstützung für Muskeln, Gelenke und die Haut. Haustiere mit chronischen Schmerzen in den Gelenken, Entzündungen und Allergien profitieren von dieser Nahrungsergänzung. MSM wirkt sogar parasitärem Befall entgegen und beschichtet den Darmtrakt in einer Weise, dass sich Parasiten an der Darmwand nicht festsetzen können. MSM unterstützt zudem das Immunsystem, die Leber, den Kreislauf sowie eine gesunde Darmfunktion und bindet freie Radikale.

Ein Hund wird von seiner schmerzhaften Arthritis erlöst

Ich begann meinem 9-Jahre-alten Labrador **Sulfur-MSM**-Nahrungsergänzung zu geben. Er hatte so schmerzhafte Arthritis, dass ich oft weinte, wenn ich sah, wie er aufzustehen versuchte, um uns beim Heimkommen zu begrüßen. Ungefähr zwei Monate nachdem ich mit der Nahrungsergänzung begonnen hatte, kam er mir zur Begrüßung mit seinem Spielzeug entgegen, etwas, das er schon seit Ewigkeit nicht mehr getan hatte! Ein paar Tage später rannte er uns sogar entgegen, um uns zu begrüßen! Zufall? Ich denke nicht. Er scheint sich so viel besser zu fühlen.

Dogge Sam und die Altersarthritis

Meine Dogge Sam wurde mit Altersarthritis in seinen Hüften diagnostiziert. Der Tierarzt schlug Rimadyl® vor, aber ich hatte über dieses Medikament zu viele erschreckende Nebenwirkungen, einschließlich Tod, gelesen! Auf der Suche nach einer natürlichen Alternative stieß ich auf Jeannie von *The Whole Dog*. Sie schlug mir ein Sulfur-MSM Präparat, Vitamin C und Wolfsbeerensaft für Sam vor. Ich begann, dem Hund einmal pro Tag das pulverförmige **Sulfur-MSM**-Mittel in sein Futter zu streuen, mehr konnte ich mir im Moment nicht leisten. Innerhalb eines Monats sah ich schon eine Verbesserung in Sams Beweglichkeit. Er mühte sich beim Hinlegen und Aufstehen nicht mehr ab wie früher und rannte mir schwanzwedelnd entgegen. Später fügte ich auch den Wolfsbeerensaft täglich seinem Trinkwasser bei. Er rennt wieder voll Energie und hat wesentlich mehr Ausdauer beim Spazierengehen. Sein Fell hat noch nie so gut ausgesehen, und er verliert kaum Haare!

Empfehlung von Dr. Jeannie Thompson:
1x pro Tag ein wenig auf das Futter streuen oder untermischen. Die Menge hängt von der Größe des Tieres ab. Man beginnt langsam und steigert schrittweise.

Omega-3-Fettsäuren:

Omega-3 EPA und DHA Fettsäuren mit Vitamin D3 und Coenzym Q10 sowie ätherische Öle von Gewürznelke, deutscher Kamille und grüner Minze können zusammenwirken, um die Gesundheit von Gehirn, Augen, Herz und Gelenken unserer Haustiere zu unterstützen. Katzen und Hunde profitieren besonders von dieser Nahrungsergänzung, wie auch Vögel und Exoten, sagt Tierärztin Melissa Shelton.

Empfehlung von Dr. Melissa Shelton:
Katzen beginnen mit 1 Tropfen und erhöhen schrittweise auf ½ Kapsel pro Tag, über die Mahlzeiten verteilt.

Hunde nehmen 1 Kapsel pro Tag über die Mahlzeiten verteilt
Mittelgroße Hunde 1-2 Kapseln pro Tag über die Mahlzeiten verteilt
Große Hunde 2-4 Kapseln pro Tag über die Mahlzeiten verteilt

Vögel bekommen 1 Tropfen zu jeder Mahlzeit.

Auch Pferde brauchen Omega-3 Fettsäuren.

Nahrungsergänzung für Knochen, Muskeln, Bänder und Sehnen:

Eine Nahrungsergänzung, die Knochen Muskeln, Bänder und Sehnen unterstützt, ist bei Arthritis und Gelenkbeschwerden hilfreich. Sie dient auch zur Vorbeugung von Gelenkbeschwerden (man sollte schon mit Welpen und Kätzchen beginnen) und wird bei Muskelproblemen, gebrochenen Knochen sowie allen Problemen, die auf Knochen, Muskeln und Sehnen zurückzuführen sind, hilfreich sein.

Man öffnet die Kapsel, streut ein wenig über das Futter und mischt es unter. Die Menge kann je nach Akzeptanz langsam gesteigert werden.

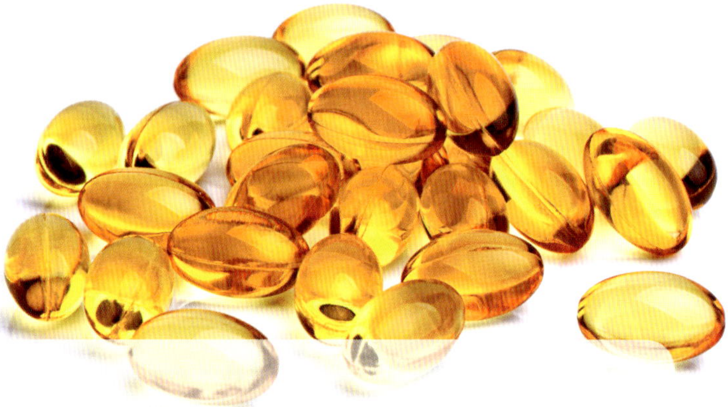

Empfehlung von Dr. Melissa Shelton:

Vögel:
Diese Nahrungsergänzung wird von Dr. Melissa Shelton bei Vögeln häufig verwendet, indem sie ganz wenig über Nassfutter streut und bis zu ¼ Kapsel über den Tag verteilt steigert.

Katzen:
Nach anfänglicher langsamer Einführung können Katzen bis zu ½ Kapsel pro Tag, über drei Mahlzeiten verteilt, nehmen.

Hunde:
Kleine Hunde bis zu 9 kg bekommen ⅛ bis ¼ Kapsel, über die Mahlzeiten des Tages verteilt. Mittelgroße Hunde von 9-23 kg bekommen ¼ bis ¾ Kapsel, über den Tag verteilt. Hunden über 23 kg gibt man bis zu 1 Kapsel, über die Mahlzeiten des Tages verteilt.

Pferde und alle großen Tiere:
Auch Pferde und größere Tiere würden davon profitieren.

Bio-Colostrum – die Erstmilch der Kuh:

Bio-Colostrum ist, wie die Grünen Algen, MSM und der Wolfsbeerensaft, ein wunderbares natürliches Aufbaumittel, von dem jedes Tier nur profitieren kann. Man gibt es besonders ausgehungerten, unterernährten und unter Schock stehenden Tieren zur Stärkung der körperlichen Kräfte und des Immunsystems. Bio-Colostrum, die Erstmilch der Kuh, verfügt über ein weites Spektrum an unterstützenden Wirkstoffen, die unsere Haustiere lebenslustig und gesund machen. Von Immunstoffen, Sacchariden und essenziellen Aminosäuren, Wachstumsfaktoren und Enzymen zu Vitaminen, Spurenelementen und Mineralien findet sich in Bio-Colostrum alles, was ein Kälbchen, das ohne Immunsystem auf die Welt kommt, zum Überleben braucht. Dafür hat die Natur Colostrum erschaffen. Die Mutterkuh erzeugt 75% mehr Colostrum, als das Kälbchen trinken kann. Daher können auch wir und unsere Haustiere in den Genuss dieser lebensspendenden Nahrung kommen.

Ob man Pferde mit Bio-Colostrum dopingfrei trainiert (die Natur kennt kein Doping) oder Rinder, Schweine, Esel, Schafe, Ziegen, Hunde, Katzen oder Hühner am Bauernhof hält, Bio-Colostrum ist ein höchst wertvolles Lebensmittel, das die Natur bereitstellt, um zu schützen und zu helfen. In Verbindung mit ätherischen Ölen ist Bio-Colostrum ein Lebenselixier, das unübertroffen ist und in keinem Labor chemisch nachgestellt werden kann.

Es wird nicht selten von Tierärzten berichtet, dass Bio-Colostrum den Allgemeinzustand von Hunden, Katzen, Pferden und kleineren Haustieren zusehends verbessert, ältere Tiere wieder energiegeladener und agiler werden, Wunden rascher heilen, Entzündungen ohne Antibiotika rasch abklingen, Allergien und Futterunverträglichkeit wie von selbst verschwinden und Tiere sich von Krankheiten schneller erholen. Dabei braucht zum Beispiel ein Kätzchen gerade einmal einen Tropfen Bio-Colostrum täglich ins Futter gemischt, um das Immunsystem zu unterstützen. Die Anwendung von Bio-Colostrum ist also sehr sparsam, und zusammen mit ätherischen Ölen kann diese Nahrungsergänzung Wunder wirken.

Wenn man die Liste der wichtigsten Nahrungsergänzungen für gesunde Haustiere und ihre Wirkungen mit dem kommerziellen Hundefutter mit synthetischen Zusatzstoffen vergleicht, dann wird einem erst die Tragweite gesunder Ernährung so richtig bewusst. Nahrungsergänzungen sind heute nicht mehr ein Luxus, sondern ein Muss. (Für Nahrungsergänzungen siehe das Bezugsquellenverzeichnis.)

Energetikerin und Tierkommunikatorin Rosemarie Brandl erzählt:

Wie Bio-Colostrum Wunden und Schnupfen begegnet

Meine Katzendame Zoe wurde im Oktober kastriert. Ich habe auf die offene **Wunde** (Bauchschnitt) das flüssige Bio-Colostrum geträufelt, weil ich gehört hatte, dass Bio-Colostrum die Wunden rascher heilt. Die Wunde ist innerhalb von ein paar Tagen tatsächlich verheilt. Zoe war nach einer Woche wieder ganz fit.

Meine Nachbarin hat einen Kater, der häufig Probleme mit **Katzenschnupfen** hat. Sie streute den Inhalt einer Kapsel Bio-Colostrum, das ja das Immunsystem unterstützen soll, über sein Futter. Der Kater fraß es ganz ohne Probleme, und der Schnupfen war schnell erledigt.

Zahnschmerz, Bio-Colostrum und das Copaibaöl

Ein Erfahrungsbericht:

Mein junger Dackel Harry hechelte. Er hatte schon den ganzen Tag nichts gegessen. Das war sehr ungewöhnlich, denn er verschmähte niemals einen Bissen. Harry musste ja noch wachsen. Doch jetzt hielt er das Maul etwas geöffnet, als wollte er sich Luft zufächeln. Dann packte er sein weiches Spielzeug, beutelte es kräftig und begann daran herumzukauen. Bald darauf schüttelte er sich und schleuderte die weiche Stoffpuppe von sich, als hätte sie ihn verletzt. „Harry bekommt seine Zähne", sagte mein Mann, der den Hund eine Zeit lang beobachtet hatte. „Hast du nicht ein Mittel, dass seinen entzündeten Kiefer beruhigt?"

„Das Zahnen! Daran hätte ich auch selber denken können", erwiderte ich und ging zu meiner Hausapotheke. Ich holte einen kleinen Becher heraus, öffnete drei Bio-Colostrum Kapseln und entleerte den Inhalt in das kleine Gefäß. Dann tropfte ich fünf Tropfen Copaibaöl dazu sowie ein paar Tropfen der Bio-Colostrum-Flüssigkeit, um daraus eine weiche Paste zu machen, die am Kiefer haften würde. Ich rührte alles mit dem Finger um. Das wollte ich Harry mehrmals am Tag auf seinen schmerzenden Kiefer reiben.

Harry ließ mich gewähren. Er hielt still und streckte mir sein Maul hin, als hätte er die entzündungshemmende Wirkung dieser Mischung geahnt. „Das Copaibaöl ist sehr mild, aber zugleich stark entzündungshemmend", erzählte ich meinem Mann. „Das wird ihm helfen."

Harry setzte sich nach der ersten Anwendung neben mich auf das Sofa. Er sah ganz zufrieden aus, so als hätte er gar keine Schmerzen mehr. Jedesmal, wenn ich glaubte, er könnte unruhig werden, strich ich seinen Kiefer erneut mit der Mischung ein. Aber schon nach dem dritten Mal sah ich keinerlei Anzeichen einer Entzündung mehr. Harry war wieder der Alte, er aß, was das Zeug hielt.

Die 6 wichtigsten Nahrungsergänzungen für unsere Haustiere im Überblick
Grüne Spirulina Alge – eine „Supernahrung" Unterstützt Gehirn, Augen, Herz, Haut, Bewegungsapparat, Zentralnervensystem.
Wolfsbeerensaft – der wohl stärkste Antioxidantiensaft Diese Supernahrung ist reich an Vitaminen, Mineralien, Enzymen und Spurenelementen. Sie unterstützt den ganzen Körper „von Kopf bis Fuß".
Sulfur-MSM – lebenswichtige Enzyme Unterstützt Muskeln, Gelenke und Haut, Immunsystem, Leber und Darm (Parasiten).
Omega-3 Fettsäuren – Fischöl, Vitamin D3 und Coenzym Q10 Unterstützt Gehirn, Augen, Herz, Gelenke.
Nahrungsergänzung für Knochen, Muskeln, Bänder und Sehnen Unterstützt Knochen, Muskeln, Bänder und Sehnen.
Bio-Colostrum – die Erstmilch der Kuh Liefert Immunfaktoren, die dem Kälbchen das Überleben garantieren. Stärkt das Immunsystem und gibt dem ganzen Körper Energie und Lebenskraft.

Umwelteinflüsse: Umweltgifte und die gesunde Alternative

10

Die alarmierende Umweltverschmutzung

Über die Umweltverschmutzung brauche ich dir sicher nicht ein Langes und Breites zu erzählen. Sie ist allenthalben sichtbar und spürbar. Die Luft ist verschmutzt, und die Treibhausgase sprengen jeden in der Geschichte dagewesenen Rahmen. Weltweit werden jede SEKUNDE 310 kg giftige Chemikalien durch Industriebetriebe in Luft, Land und Wasser freigesetzt. Das sind etwa zehn Millionen Tonnen giftige Chemikalien jährlich. Davon sind zwei Millionen Tonnen pro Jahr bekannte Krebserreger. Das sind jede Sekunde 65 kg wissenschaftlich erwiesene Krebserreger, denen unsere Lieben und wir ausgesetzt sind. Tiere sind besonders empfindlich und diesen Einflüssen schutzlos ausgeliefert. Ihr Wohl hängt allein von uns ab.

Die Indoor-Luftverschmutzung ist dazu noch um ein Vielfaches größer, warnt die Umweltschutzbehörde. Man wird von chemischen Substanzen bombardiert, die aus imprägnierten Teppichen, Polstermöbeln, Vorhängen und Plastikgegenständen in unseren vier Wänden ausgehen. Zwischen 1930 und 2000 nahmen künstlich hergestellte Chemikalien von einer Million auf vierhundert Millionen Tonnen pro Jahr zu. Bei Tests fanden sich rund 100-300 künstlich hergestellte Substanzen im menschlichen Organismus. Immer wieder werden gefährliche Chemikalien in der Muttermilch entdeckt. Diese alarmierenden Zahlen gelten natürlich auch für unsere Haustiere! Aber darüber scheint sich kaum jemand Gedanken zu machen. Es weisen auch keine Warnsignale auf die Gefahren der Umweltgifte hin. All diesen Toxinen sind unsere Haustiere schutzlos ausgesetzt.

Die für Tiere wohl gefährlichsten chemischen Substanzen sind Reinigungsmittel, Insektensprays und synthetische Duftlampen und Duftkerzen. Etwa 40%

der Kinder im Alter bis vier Jahre lösen bei einer versehentlichen Einnahme von Haushaltsmitteln (Kosmetika, Wasch- und Reinigungsmittel) einen Giftnotruf aus. Doch unsere Tiere laufen tagtäglich auf chemisch gereinigten Böden und Teppichen umher. Sie lecken die Pfötchen und schnuppern in die Ritzen und Ecken, die man wohlmeinend zur Desinfektion mit Insektenschutzmitteln besprüht hat. Sie sind mit ihrer Nase so nahe am Boden, dass sie sich vor der chemischen Gefahr nicht schützen können. Niemand ruft die Giftzentrale für sie an, und wenn ihr Körper von dem Übermaß an chemischen Giften zusammenbricht, weil die Leber all die Chemie nicht mehr entsorgen kann, dann sucht man Rat und Hilfe in der Tierklinik.

Diesen modernen Umweltmissständen sind Tiere in der freien Wildbahn nicht so unmittelbar ausgesetzt; doch unsere Haustiere können sich ihr Zuhause nicht aussuchen. Sie sind total abhängig von uns. Es ist daher unsere Pflicht, unseren Haustieren eine Atmosphäre zu schaffen, in der sie geschützt und gefahrlos aufwachsen und leben können. Dazu müssen wir uns dringend auf natürliche Alternativen zur Reinigung unserer Lebensräume in Haus und Garten besinnen. Ätherische Öle sind geradezu prädestiniert, jeden noch so groben Putzjob mit Leichtigkeit und Gründlichkeit zu übernehmen.

Die gesunde Alternative

Die ***Antimikrobielle Ölmischung*** ist deine beste Putztruppe! Hier treten die starke **Nelke**, der würzige **Zimt**, der reinigende **Rosmarin**, die frische **Zitrone** und der entzündungshemmende **Eukalyptus** siegreich gegen gefährliche Keime, tödliche Viren und Bakterien, und sowie alle Arten von feindlichen Mikroben an. Mit ihren starken Wirkkräften unterbrechen sie den normalen Lebenszyklus von Bakterien und hindern Viren daran, sich zu vermehren.

Kein anderes Mittel auf der Welt kann sogar die tödlichsten Keime (wie MRSA oder gar die Pest) auf ganz natürlichem Weg beseitigen und gleichzeitig für den Anwender alle möglichen Gesundheitseffekte bereithalten. All das bewirken ätherische Öle, ohne dass man auf scharfe Chemikalien oder giftige Medikamente zurückgreifen muss. In vielen wissenschaftlichen Studien gehen ätherische Öle als überlegene Sieger gegen Keime hervor und schneiden besser ab als Penicillin; denn die meisten Viren und Bakterien können in der Gegenwart von ätherischen Ölen – wie Gewürznelke und Zimt – nicht existieren.

Daher bietet sich diese kräftige ätherische Ölmischung als ein effektives, natürliches Putzmittel für das Zuhause an. Während man mit diesen ätherischen Ölen putzt, stärken sie unbemerkt unsere Körpersysteme, wie etwa das Immunsystem oder das Atmungssystem, während sie gleichzeitig die Ansteckungsgefahr mit Viren und Bakterien bannen.

Die bei Hunden und Katzen häufig auftretende Infektion mit Parvoviren und/oder Coronaviren sowie Distemper können besonders in einem geschwächten Immunsystem und in unsauberer Umgebung gedeihen. Ihnen rückt man mit einer *Antimikrobiellen Ölmischung* zu Leibe, die zwei oder mehrere der folgenden Einzelöle beinhaltet:

- Gewürznelke: (Syzygium aromaticum) Die indonesischen Inselbewohner von Ternate kannten keine Epidemien bis zu der Zeit, als im 16. Jahrhundert die Niederländischen Eroberer alle Nelkenbäume rodeten. Daraufhin starben viele Inselbewohner infolge von Epidemien. Studien belegen, dass Nelke und Zimt die Eigenschaft besitzen, vor schädlichen Keimen effektiv zu schützen. Diese kann man für seine Haustiere nutzen.

- Zitrone: (Citrus limon) Die antiseptischen Eigenschaften der Zitrone sind in unzähligen Studien belegt. Dr. Jean Valnet wies nach, dass Zitronenöl, wenn im Raum vernebelt, imstande ist, Meningokokken-Bakterien binnen fünfzehn Minuten abzutöten, Typhus-Bazillen innerhalb einer Stunde, Staphylococcus aureus in zwei Stunden und Pneumokokken-Bakterien innerhalb von drei Stunden. Sogar bei einer nur 0.2%igen Lösung kann reines Zitronenöl Diphterie-Bakterien und inaktive Tuberkulose-Bakterien in zwanzig Minuten abtöten. (Quelle: Essential Oils Desk Reference) Im Aroma-Diffuser vernebelt, kann Zitrone die Raumluft für unsere Tiere und für uns effektiv reinigen.

- Zimtrinde: (Cinnamomum verum) Wissenschaftler belegen, dass Viren in der Gegenwart von Zimtöl nicht leben können. Von zweiundzwanzig getesteten ätherischen Ölen zeigte Zimtöl die stärkste Wirkung auf ausgewählte Bakterien und Pilze. (www.pubmed.gov) Zimt ist ein starkes Öl und wird selten als Einzelöl in der Tierpflege verwendet; aber für Pferde mit einem Abszess am Huf kann Zimt, pur aufgetragen, ein wirksames Öl sein.

- Eukalyptus: (Eucalyptus radiata) Als Hauptbestandteil in antiseptischen Mitteln wird Eukalyptus besonders zur Unterstützung des Atmungssystems verwendet. Es hat antimikrobielle und antioxidative Eigenschaften. (http://www.ncbi.nlm.nih.gov) Dr. Melissa Shelton erzählt von einer Katze, die Melaleuca alternifolia von höchster Qualität zweimal täglich bekam und nach einer Woche komplett normale Blutwerte hatte. Wie man sieht, ist hochwirksames Teebaumöl hilfreich, während minderwertiges oder synthetisches Teebaumöl für Katzen tödlich sein können.

- Rosmarin: (Rosmarinus officinalis) Rosmarinöl unterstützt das Atmungssystem und ist wirksam gegen Bakterien und Hefepilze. (www.ncbi.nlm.nih.gov) Für die Haustiere sind Rosmarin und Pfefferminze besonders wohltuend bei Juckreiz und trockener Haut, und sie wehren Hautparasiten erfolgreich ab.

Wie verwendet man nun diese *Antimikrobielle Ölmischung* als gesunde Alternative in Haushalt, Hof und Stall?

Gesunde Haushaltsreiniger für Haus, Hof und Stall

Nicht nur für die Tierpflege von Kopf bis Fuß ist die *Antimikrobielle Ölmischung* geeignet. Man kann sie auch für die Reinigung von Haus, Hof und Stall verwenden. Dabei ist die Einfachheit dieses „Putzmittels" erstaunlich. Diese Ölmischung kann man nämlich sowohl zur Reinigung der Böden, Fenster und Küchenschränke verwenden als auch als Geschirrspülmittel sowie im Geschirrspüler oder in der Waschmaschine.

Der antimikrobielle Spritzer:

In eine Sprühflasche füllt man Wasser und gibt 10-30 Tropfen der *Antimikrobiellen Ölmischung* oder eines anderen ätherischen Öls hinzu. Vor Gebrauch gut schütteln. Man spritzt zur Flohkontrolle damit Hunde- und Katzenbetten ein sowie die Lieblingsplätze und die Hundehütte. Auch kann diese Mischung Hände desinfizieren und unangenehme Gerüche neutralisieren. Sie wird sogar zum Abspritzen von Obst und Gemüse verwendet, das dadurch gründlich gereinigt wird und gleichzeitig länger frischhält. Man sprüht zur Desinfektion die Arbeitsflächen ein. Ein Spritzer aus dieser Flasche vertreibt sogar lästige Fliegen.

Der antimikrobielle wasserlose Handreiniger:

Man nimmt Aloe Vera Gel und fügt einige Tropfen der *Antimikrobiellen Ölmischung* bei, mischt gründlich und füllt in einen Tiegel oder ein Fläschchen. Damit hat man jederzeit, auch unterwegs, im Stall oder auf der Weide einen antimikrobiellen Handreiniger griffbereit, um die Hände zu desinfizieren. Er wirkt auch erfrischend auf Haut und Fell. Wenn man eine Wunde kühlen und die Wundheilung unterstützen will, nimmt man Lavendel im Aloe Vera Gel.

Das biologische Spülmittel:

Die wichtigsten Vorzüge eines biologischen Haushaltsreinigers, Geschirrspülmittels und Waschmittels ist die rein pflanzliche Zusammensetzung, ganz ohne SLS (Natriumlaurylsulfat), SLES (Natriumlaurylethersulfat), Farbstoffe, Formaldehyd, Phosphate und künstliche Duftstoffe. Ein biologischer Allzweckreiniger mit der *Antimikrobiellen Ölmischung* besticht mit seinem erfrischenden Zitronen-, Zimt- und Nelkenduft. Er sorgt für strahlend sauberes Geschirr, frisch duftende Böden und natürlich duftende Wäsche. Man muss ein Haus nicht unbedingt mit chemischen Reinigungsmitteln putzen, damit es wirklich sauber wird. Haushaltsprodukte auf Aromabasis sind eine natürlich wirksame Alternative zu herkömmlichen Reinigungsprodukten. Wir können getrost die alten Desinfektionsmittel mit teils giftigen Inhaltsstoffen entsorgen und unser Heim und das unserer Haustiere mit alternativen, umweltfreundlichen und gesunden Putzmitteln reinigen und vor Keimen schützen.

Der natürliche Fleckenentferner

Wenn dem Liebling einmal etwas auf dem schönen Teppich passiert, dann greift man zur altbewährten *Antimikrobiellen Ölmischung.*

- Man mischt in einer Sprühflasche Wasser mit der Antimikrobiellen Ölmischung, schüttelt gründlich und sprüht sie auf den zu behandelnden Bereich, lässt einwirken und sprüht den Fleck erneut ein. Dann reibt man den Fleck weg. Vor der Reinigung von Polstern, Geweben oder Teppichen sollte man an einem nicht sichtbaren Bereich einen Fleckentest durchführen, denn jedes Material verhält sich anders. Bei der Anwendung dieses natürlichen Fleckenentferners nutzt man die reinigende Kraft der ätherischen Öle und erfreut sich zugleich an ihrem erfrischenden Duft.

- Eine andere Möglichkeit ist, kochendes Wasser über den Fleck zu gießen, zu reiben und so lange zu wiederholen, bis der Fleck verschwunden ist. Danach wird die Stelle mit einem duftenden „antimikrobiellen Spritzer" versehen.

Der natürliche Geruchsentferner:

Das Geruchsproblem ist eines der Sorgenkinder, die jeder Tierbesitzer kennt. Dabei ist Geruchskontrolle und Geruchsneutralisation einfach.

- Man gibt Kaiser Natron und vier Tropfen einer Antimikrobiellen Ölmischung in einen Behälter mit Schraubverschluss, schließt das Gefäß und schüttelt gründlich. Dann streut man dieses Pulver auf Teppich oder Sitzpolster und lässt es einwirken, bevor man es mit dem Staubsauger absaugt; oder man streut das Pulver auf den Boden des Katzenklos und frischt die Katzenstreu damit über Nacht von Zeit zu Zeit auf. Auf diese Weise bekommt die Katze beim Pfötchenlecken kleine Mengen des Öls in den Körper. Dieses Pulver kann auch in winzigen Mengen als Nahrungsergänzung auf das Nassfutter gestreut werden.

- Die schnellste und einfachste Methode ist die Verwendung eines aromatischen Diffusers. Ein Aroma-Diffuser ist ein elektrisches Gerät, das mikrofeine Duftpartikel eines ätherischen Öls in den Raum bläst. Ätherische Öle gehen sofort daran, den unangenehmen Geruch zu neutralisieren. Sie überdecken ihn nicht, sondern sie treten in Kontakt mit den Bakterien, die für den Geruch verantwortlich sind, und eliminieren sie.

- Während der heißen Sommermonate läuft oft eine Klimaanlage, die man verwenden kann, um schnell und günstig ätherische Öle in Haus und Stall zu bringen. Man nimmt ein unparfümiertes

Papiertaschentuch oder ein Stück Küchenrolle, tropft ein paar Tropfen eines ätherischen Öls darauf und steckt es so in den Ventilator, dass die Luft durchblasen kann. Der Duft zirkuliert durch den Raum, und die Tiere im Haus oder Stall atmen die heilbringenden Duftmoleküle ein.

- Man kann auch Wasser mit ätherischen Ölen mittels einer Sprühflasche in den Raum sprühen und so die Raumluft erfrischen. Dazu mischt man in einer 250 ml Sprühflasche Wasser mit 15-20 Tropfen eines ätherischen Öls. Die duftenden Essenzen lösen zahlreiche Reaktionen aus, die in den Tieren das Immunsystem stärken, Heilung anregen, Entspannung auslösen und andere Reaktionen hervorrufen, je nachdem welche spezifischen Öle inhaliert werden. Es verwundert nicht, dass Tiere sich in einem solchen Umfeld wohlfühlen, viel ruhiger sind, mehr Milch geben und einfach glücklicher leben.

Das natürliche Fensterputzmittel:

Hundebesitzer putzen ihre Fenster öfter, denn Hunde sind neugierig und wollen stets aus Fenstern oder Balkontüren hinausschauen. Dabei drücken sie ihr Schnuppernäschen an die Glasscheibe und stützen ihre manchmal nicht so sauberen Pfoten dort ab.

- In eine Sprühflasche mit Wasser füllt man Essig und einige Tropfen einer Ölmischung, schüttelt gründlich und reinigt das Glas. Ein Vorteil bei der Verwendung ätherischer Öle beim Fensterputzen ist, dass Insekten sich nicht mehr so gerne am Fenster festsetzen und es verschmutzen.

Mit der Kraft der ätherischen Öle bekommt man also Flecken und andere Haushaltsprobleme einfach und bequem in den Griff, ohne auf aggressive Chemikalien oder Scheuermittel zurückgreifen zu müssen. Man kann ätherische Öle in einer Sprühflasche oder im Wischeimer mit Wasser verdünnen oder für eine extrastarke Wirkung zur Fleckenreinigung auch pur verwenden.

Das natürliche Desinfektionsmittel:

Man gibt Wasser in eine Sprühflasche und einen Spritzer natürliche flüssige Seife, zum Beispiel Badegel. Nun fügt man seine bevorzugten antiseptischen oder antibakteriellen ätherischen Öle hinzu, wie etwa je fünf Tropfen von **Lavendel**, **Zitrone** und **Zitronengras**. Vor Gebrauch schüttelt man gut.

- 250 ml Sprühflasche
- Wasser
- 1 Spritzer flüssige Seife oder Badegel
- 5 Tr. Lavendel
- 5 Tr. Zitrone
- 5 Tr. Zitronengras

Oder man gibt 1-2 Tropfen **Eukalyptus**, **Kiefer**, **Wacholder**, **Thymian** oder **Rosmarin** auf ein nasses Tuch, das man zum Wischen der Oberflächen verwendet.

Probiere es aus, und du wirst sehen, wie diese oft lästige Arbeit durch den Einsatz ätherischer Öle plötzlich sogar Freude bereiten kann.

Wer würde bei all diesen Vorteilen nicht ein biologisches Putzmittel verwenden wollen, um seine Lieben und sich vor Umweltgiften zu schützen? Vielleicht denkt jemand: „Ich liebe die Sauberkeit in meiner Küche und in meinem Haus. Ich will starke Chemikalien zur Reinigung verwenden. Mir ist lieber, ich habe strahlend glänzendes Geschirr mit chemischen Rückständen in meinem Essen, als dass ich mein Geschirr womöglich nachtrocknen muss." Wenn es sprechen könnte, was würde dein Haustier dazu sagen?

Hier erzähle ich dir die Geschichte meiner Katze Kita, die ich fast verlor, und warum du deine Haustiere vor Giften schützen willst.

Ein Putzmittel, das Leben retten kann

Oft denkt man beim Putzen nicht daran, dass chemische Putzmittel verheerende Auswirkungen auf uns haben können. Ich lernte das auf hartem Weg.

„Ich verwende immer biologische Haushaltsreiniger, weil ich auf meine Gesundheit sehr achte. Doch an jenem Tag hatte ich es eilig, und das Ungeziefer auf dem Küchenboden, das auf Hawaii ideale Lebensbedingungen vorfindet und das ich nun schon wochenlang mit natürlichen Mitteln erfolglos zu bekämpfen versuchte, ließ das Fass überlaufen. Ich griff entschlossen zum herkömmlichen Ungeziefermittel und sprühte den Boden ein. Dann stellte ich Kisten vor den Eingang zur Küche, damit meine Katzen nicht auf dem giftigen Boden gehen würden. Danach eilte ich zur Arbeit. Den unüberlegten Entschluss, Gift zu verwenden, bereute ich bitterlich, denn er hatte verheerende Folgen.

Meine Lieblingskatze Kita musste wohl mit dem Gift in Kontakt gekommen sein. Sie wurde sterbenskrank. Wir brachten sie eilig in die Tierklinik, wo der Arzt eine Lebervergiftung festgestellte. Die Katze musste eine Woche im Tierhospital bleiben, bevor wir sie zum Sterben wieder mit nach Hause nehmen durften. Der Doktor konnte für sie nichts mehr tun. Sie hatte eine Woche lang nichts gegessen oder getrunken.

Sobald ich meine Katze wieder zu Hause hatte, lief ich zu meinem Erste Hilfe Koffer, suchte die Ölmischung, die man gewöhnlich für Leberprobleme nehmen würde, und rieb ein paar Tropfen auf die Stelle, wo ich dachte, dass eine Katze die Leber haben könnte. Genau wusste ich es nicht. Mein Liebling duftete so gut nach Fenchel, Rosmarin, Kamille, Geranie und Immortelle. Ihr jämmerlicher Zustand griff mir ans Herz.

Als ich am nächsten Morgen gleich nach ihr sah, traute ich meinen Augen kaum. Sie schleppte sich mit großer Mühe zum Wassernapf und machte ihren ersten Schluck. Von da an ging es mit ihr bergauf. Bald begann sie wieder zu fressen und wurde schließlich wieder ganz gesund. Das verdanke ich diesen wunderbaren ätherischen Ölen. Noch viele Jahre blieb sie meine treue Begleiterin.

Wie ich die Pfoten meines Hundes desinfiziere

Oliver berichtet: Früher habe ich die Pfoten meines Hundes in einer desinfizierenden Lösung gewaschen und meine Schuhe mit Bleichmittel besprüht, wenn ich von einer Hundeshow heimkam. Ich hatte Angst, einen Keim mit nach Hause zu bringen. Jetzt gebe ich einige Tropfen einer *Antimikrobiellen Ölmischung* in Aloe Vera Gel auf die Pfoten meines Hundes und besprühe meine Schuhe mit einem natürlichen antimikrobiellen Spritzer aus der duftenden Sprühflasche. Dann wische ich sie ab.

TIPP ZUR ANWENDUNG

Wie man Hände, Pfoten und Schuhe ganz einfach desinfiziert:

- Ätherische Öle: Eine Antimikrobielle Ölmischung aus Gewürznelke, Zimt, Zitrone, Rosmarin und Eukalyptus.
- Andere Öle: Eucalyptus globulus, Kiefer, Lavendel, Rosmarin, Thymian, Wacholder, Zitrone, Zitronengras
- Anwendung: In eine Sprühflasche Wasser und die Antimikrobielle Ölmischung oder andere reinigende Öle einfüllen, vor Gebrauch gut schütteln und aufsprühen; oder Aloe Vera Gel mit ätherischen Ölen mischen und z.B. Hände und Pfoten damit reinigen.

Diese Öle wurden verwendet:

- Antimikrobielle Ölmischung: Cinnamomum verum, Citrus limon, Eucalyptus radiata, Rosmarinus officinalis CT cineol, Syzygium aromaticum
- Eucalyptus globulus, Pinus sylvestris, Lavandula angustifolia, Rosmarinus officinalis CT cineol, Thymus vulgaris, Juniperus osteosperma, Citrus limon, Cymbopogon flexuosus

Warum man die Pfoten desinfizieren sollte

Glyphosat ist das weltweit gebräuchlichste Unkrautvernichtungsmittel in der Landwirtschaft. Wissenschaftler warnen vor diesem potenziellen Krebserreger. Dennoch ist es sogar in Lebensmitteln und Getränken zu finden.

Nach einem langen Spaziergang durch Feld und Wiese können die Pfoten unseres Hundes mit diesen Giften aus der Landwirtschaft verseucht sein. Unsere Katzen streifen mit Vorliebe durch die Felder auf der Suche nach Mäusen. Ihre Pfoten nehmen hochgiftige Chemikalien auf, die sie beim Pfötchenputzen lecken. Schon eine sehr geringe Menge dieser chemischen Substanz kann schwere Leberschäden bei Tieren verursachen.

Wenn du in einer Gegend mit diesem landwirtschaflichen Gefahrenpotenzial lebst, solltest du für dein Haustier beim Hauseingang griffbereit eine Sprühflasche mit einem natürlichen antimikrobiellen Haushaltsreiniger oder einen Tiegel mit Aloe Vera Gel und reinigenden Ölen bereit haben. Denn Vorbeugen ist besser als Heilen.

Beziehung, Liebe und Emotionen 11

Liebe ist ewig, alles andere vergeht

Ich saß am Sofa und schaute meinem goldgelben Kätzchen zu, wie es vergnügt mit seiner Tatze auf seine Beute einschlug. Es knisterte und raschelte, und der braune Papiersack bewegte sich langsam vorwärts. YC, *the Yellow Cat*, war aufgeregt, sein Jagdinstinkt voll erwacht. Er konnte ja nicht wissen, dass ich im Sack eine mit Batterie betriebene, nach Baldrian duftende Maus versteckt und den Sack fest zugebunden hatte, damit sie nicht entkommen konnte. Der Kater lag auf der Lauer und wartete auf den richtigen Moment, um zuschlagen zu können. Mein Herz schlug schneller, als ich ihm beim Spielen zusah. „Was für Bündel von Freude und Übermut", dachte ich. Und wieder überkam mich dieses nagende Grübeln, als wollte ich die Seite eines Buches öffnen, aber das Buch war versiegelt.

In letzter Zeit hatte ich dieses seltsame Gefühl, dass mein kleiner zugelaufener Kater mir nicht unbekannt war. Im Gegenteil, immer wenn ich in seine Augen sah, fragte ich mich: „Was sehe ich eigentlich in diesen Augen? Etwas scheint mir so vertraut zu sein, aber was ist es bloß?" Der Kater YC setzte plötzlich zum entscheidenden Sprung an, seine rotgoldene Mähne glänzte im Sonnenlicht wie die eines Peking-Palasthundes, wie der chinesische Löwenhund in China genannt wird. „Pekinese, Pekinese", flüsterte ich ergriffen, und ein Schauer lief mir über den Rücken. „Es ist mein Hund!", stieß ich mit gepresster Stimme hervor, und meine Gedanken überschlugen sich. „Es ist mein treuer Pekinese Töffie! Jetzt weiß ich es genau!"

Ich hatte einen goldgelben Pekinesen – einen chinesischen Löwenhund – namens Töffie in meinem Leben gehabt, der uns nach einem langen, glücklichen Leben vor ein paar Jahren verlassen hatte. Er war ein feuriges Bündel voll Freude und Übermut, und wir waren unzertrennlich. Als ich ihn auf unserem letzten Gang zum Tierarzt in weiche, nach Baldrian „duftende" Decken gehüllt an mein Herz drückte, sagte ich mit tränenerstickter Stimme zu ihm: „Töffie, wenn du das nächste Mal wiederkommst, lade ich dich ein, wieder in unsere Familie zu kommen. Wir werden uns wiederfinden! Ich halte Ausschau nach dir."

Gerührt schaute ich die gelbe Katze an und sah das Bild vor mir, wie sie – in Wahrheit ein chinesischer Tempelwächter – ängstlich und verunsichert unter der Stiege in der Sonne saß und geduldig wartete. Sie saß dort stundenlang und musste sich gefragt haben: „Bin ich hier wirklich richtig? Wird sie mich finden? Kommt sie mich holen?" Tränen rollten über meine Wangen, als ich das goldene Wollknäuel dankbar an mich drückte. „Du bist mir über den Tod hinaus treu geblieben und hast keine Mühe gescheut, mich zu finden! Willkommen zu Hause!", flüsterte ich. Er schmiegte sein seidiges Köpfchen an meine Wange, so als wollte er mir sagen: „Ich bin immer bei dir." Dann kletterte YC, *the Yellow Cat*, wie selbstverständlich von meinem Schoß herunter, um sich wieder dem Spiel zu widmen. Ein Hauch von Baldrianduft streifte meine Nase.

Emotionale Arbeit mit misshandelten Tieren

Katie, die verkaufte Braut

Katie ist eine tibetische Lhasa Apso Hündin, die nicht wie eine „Botschafterin des Friedens und Glücks" aussah. Sie war zwölf Jahre lang im Besitz einer Frau gewesen und wurde von ihr immer gepflegt und verwöhnt. Doch eines Tages brachte die Besitzerin Katie zum Tierarzt und bat ihn, sie einzuschläfern, denn sie hatte einen Mann kennengelernt und wollte mit ihm auf Reisen gehen. (Sie hatte nicht bedacht, dass ein Mann sie an jedem beliebigen Tag verlassen könnte. Katie aber würde ihr zeitlebens treu bleiben.)

Die Tierklinik kannte Katie – sie war ein gesunder Hund – und fand ihr ein neues Heim. Die neue Besitzerin misshandelte Katie zwei Jahre lang, und als sie gerettet wurde, wog sie nur mehr etwa 2 ½ Kilo. Die Augen waren mit Infektion verkrustet, und sie hatte einen gebrochenen Unterkiefer, den sie durch einen Fußtritt erlitten hatte. Als Katie zum zweiten Mal verlassen in der Tierklinik landete (die Besitzerin wurde in eine Nervenheilanstalt eingeliefert), saß sie apathisch in ihrem Käfig und bellte nicht mehr. Sie spielte auch nicht mehr und hatte ihren Lebenswillen verloren.

Als John und Mary von der Tierrettung dort ankamen, galt ihr Besuch ursprünglich einem anderen Tier. Aber als Mary von Katies Schicksal hörte, verliebte sie sich in das arme Hündchen. Am ersten Abend hielt die Frau Katie in ihrem Arm, und das Tier rührte sich nicht. Beim nächsten Besuch in der Tierklinik ließ sie Katie den Duft einer Ölmischung riechen, die **Limette, Lavendel, Weihrauch, Zedernholz, Fichte** und **Rose** enthielt und gewöhnlich bei Traumata zur Anwendung kommt. Auch rieb sie emotional beruhigende Öle auf Katies Pfoten und verwendete von dem Duft auch selbst ein wenig als Parfüm hinter ihrem Ohr.

Am darauffolgenden Tag rief die Tierklinik an und berichtete, dass Katie zum ersten Mal gebellt und den Haustechniker sogar zum Spielen aufgefordert hatte, wie es Hunde eben tun. Sie wollten wissen, was ich mit dem Hund gemacht hatte, weil er sich so verändert hatte und glücklich schien, am Leben zu sein. Nun, Katie hat immer noch kein neues Zuhause gefunden, aber das Veterinärbüro wird sie behalten. Jedes Mal, wenn Mary bei der Tierklinik vorbeischaute, schenkte sie Katie einen Duft, und das Hündchen erholte sich wunderbar, nicht nur äußerlich, sondern auch von seinen inneren Wunden.

TIPP ZUR ANWENDUNG

Wie man traumatisierten Haustieren mit ätherischen Ölen hilft:

- Ätherische Ölmischung bei Traumata: Limette, Lavendel, Weihrauch, Zedernholz, Fichte und Rose
- Anwendung: Man trägt das ätherische Öl wie ein Parfüm; verreibt einen Tropfen in den Händen, streichelt das Tier damit und lässt es an den Händen riechen.

Diese Öle wurden verwendet: Citrus latifolia, Lavandula angustifolia, Boswellia carteri, Cedrus atlantica, Picea mariana, Rosa damascena

Das ängstliche Haustier

Als Tierarzthilfe ist es meine Aufgabe, den Arzt zu unterstützen, bei der Untersuchung die Tiere zu halten und sie zu beruhigen. Ich habe festgestellt, dass nur ein Hauch eines **beruhigenden Öls** an meinen Handgelenken Wunder wirkt, um unsere nervösen Patienten entspannter zu machen. Ich habe auch entdeckt, dass das Vernebeln dieser Öle während eines Gewitters sehr beruhigend auf die Tiere wirkt. Das Beste dabei ist, es spielt keine Rolle, ob es mein 2 Kilo schwerer Pudel oder mein 550 Kilo schweres Pferd ist, sie alle reagieren auf das wunderbare Aroma und die beruhigenden Eigenschaften dieser Öle.

TIPP ZUR ANWENDUNG

Das ängstliche Haustier:

- Ätherische Öle, die beruhigen, sind u.a. Baldrian, Balsamtanne, Lavendel, Mandarine, Weihrauch.
- Anwendung: Das Öl auf das Handgelenk, wie ein Parfüm, auftragen.

Diese Öle wurden verwendet: Valeriana officinalis, Abies balsamea, Lavandula angustifolia, Citrus reticulata, Boswellia carteri

Beruhigende Öle erfreuen das Herz

Ich trage eine beruhigende Ölmischung aus Düften von **Kamille, Mandarine, Orange, Patschuli** und **Ylang Ylang** in einer Aroma-Halskette, wenn ich jeden Montag im städtischen Tierheim aushelfe. Ich habe festgestellt, dass bestimmte Tiere ihre Gesichter direkt in meine Kette drücken, solange ich in ihrer Reichweite bleibe. Manchmal versuchen sie sogar, mir daurch die Tür zu folgen, wenn ich ihr Zimmer verlassen will.

TIPP ZUR ANWENDUNG

Beruhigende Öle erfreuen das Herz:

- Ätherische Öle, die beruhigend wirken, sind u.a. Kamille, Mandarine, Orange, Patschuli und Ylang Ylang
- Anwendung: Ätherische Öle in einer Aroma-Halskette tragen.

Diese Öle wurden verwendet: Chamaemelum nobile, Citrus reticulata, Citrus sinensis, Pogostemon cablin, Cananga odorata

Tiere sind auch Seele

Tiere sind auch Seele! Die Seele ist ein Funke göttlicher Liebe, der in einem Körper wohnt. Da ist die Seele gut verborgen, denn keiner vermutet sie dort. Fälschlicherweise glauben Menschen, sie „hätten" eine Seele, wenn wir in Wirklichkeit Seele „sind". Wir haben einen Körper, Emotionen, Verstand oder Instinkt, aber wir „sind" Seele. So auch unsere Tiere. Wenn zwei Seelen ein Band der Liebe knüpfen, so ist diese Liebe stärker und dauerhafter als die Ewigkeit. Es macht keinen Unterschied, ob die zwei Seelen Menschen sind oder ob eine der beiden ein Vogel, ein Hund, eine Katze, ein Pony oder ein anderes Tier ist.

Wenn unser Lieblingspferd mit seinen großen tiefbraunen Augen uns ruhig, wie aus einer anderen Welt, würdevoll anschaut, dann erahnen wir diese Wahrheit. Wenn unser Hund, unser bester Freund, seinen Kopf zur Seite neigt und uns mit seinen treuen Augen ansieht und nicht von unserer Seite weicht, egal welch schlechte Laune wir auch haben mögen, dann spüren wir die Liebe und Treue, die Seele ist. Wenn unsere Katze ihr Köpfchen dicht an unsere Stirn drückt, als wollte sie sagen: „Arbeite doch nicht so viel. Schau doch ein bisschen auf dich", dann wird uns klar, dass in diesem kleinen Katzenkörper Liebe wohnt. Jeder von uns hat seine ganz besonderen Erfahrungen mit seinem geliebten Haustier und weiß um das Geheimnis.

Tiere als Heiler

Tiere sind wie mit einem sechsten Sinn ausgestattet. Sie nehmen ihre Umgebung intensiv wahr, reagieren auf unsere Gefühlsschwankungen und können auch Krankheiten in einem Menschen spüren. Nicht selten sitzt das Hündchen seinem schwerkranken Frauchen auf der Brust und schaut es unentwegt an, um zu sehen, wie es ihm geht. Dabei übernimmt es oft das Ungemach seiner Besitzerin selbst und trägt schwer daran. Ein Tierenergetiker kann hier wertvolle Hilfe leisten und das Tier wieder zurück in seine Balance bringen. Gewisse ätherische Öle, wie etwa Lavendel oder Weihrauch, sind dafür bekannt, emotionale Blockaden aufzulösen und Traumata, die in der Zellerinnerung festsitzen, zu löschen.

Ihrem sechsten Sinn, ihrer Geduld und Treue verdanken unsere Gefährten ihren Ruf als „Therapiehündchen", die die Gefühle von alten und kranken Menschen mit ihrer bedingungslosen Liebe berühren, trösten und heilen können. Düfte können sie dabei ausgeglichen halten, ihnen Mut und Sicherheit geben und sie emotional und physisch bei ihrer Arbeit mit Menschen tatkräftig unterstützen.

Tiere als Helfer

Ob unsere Vierbeiner nun als Suchhunde die Fährte eines Verbrechers oder eines Demenzkranken, der sich im Wald verirrt hat, aufspüren, als Trüffelexperten die begehrten Pilze orten oder als Blindenhunde uns sicher über die Straße führen – immer können wir uns auf die Zusammenarbeit mit unseren trainierten Freunden verlassen. Sie betrügen uns nie.

Auch Kätzchen sind beliebte Schmusetiere, nicht nur für Kinder, sondern ebenso für alleinstehende, alte und kranke Menschen. Oft sind sie die einzigen Freunde, die uns in der Einsamkeit geblieben sind, und wir können ihrer beruhigenden Gegenwart vertrauen. Mit ihrem Schnurren verstehen sie es, so manches harte, einsame oder gestresste Herz zu Ruhe und liebevollen Gefühlen zu bewegen. Andererseits genießen sie unsere Aufmerksamkeit, wie das zärtliche Streicheln ihres Fells mit ihrem Lieblingsduft. Dann schmiegt das Kätzchen sich an unsere duftende Hand, reibt Köpfchen, Brust und Rücken an dem herrlichen Aroma und belohnt unsere Aufmerksamkeit mit noch lauterem Schnurren. Das macht uns noch mehr Freude.

Tiere als unsere Beschützer

In dem Buch *Animals are Soul too!* habe ich diese erschütternde Geschichte eines Bauern und seiner Herde gelesen, die zeigt, was wahre Liebe zwischen Tier und Mensch bedeutet. Tiere gehen für uns sogar in den Tod, um uns zu beschützen. Ein schottischer Bauer hatte eine Herde Kühe. Er liebte seine Tiere wie seine Kinder und kannte jede einzelne Kuh beim Namen. Er streichelte sie, sprach gütig zu ihnen und sorgte sich liebevoll um sie.

Eines Tages fuhr der Bauer mit dem Traktor auf die Weide, um nach einem neugeborenen Kalb zu sehen. Es war ein gefährliches Unterfangen, denn ein Bulle war zur Deckung auf die Weide gebracht worden und lief frei umher. Als der Bulle den Traktor sah, rannte er wie ein Besessener hinter dem Gefährt her, verfolgte es und stieß den Bauern vom Traktor. Der blieb bewusstlos liegen.

Als der Mann nach einer Weile aufwachte sah er, dass seine Herde um ihn herum einen dichten Schutzwall gebildet hatte. Der Stier rannte immer wieder wütend gegen die Kühe. Etliche Kühe wurden schwer verletzt, einige starben an inneren Blutungen. Aber der schützende Kreis rund um den Bauern hielt dicht, bis Hilfe kam.

Wer sagt, dass Kühe dumm sind, der weiß nicht, wovon er spricht. Gottes Liebe ist größer. Sie reicht natürlich von einem Menschen zu einem anderen, aber die Liebe reicht auch von Menschen zu Tieren, zu Vögeln, zu Fischen und sogar zu einer Kuhherde. Es scheint, als bestünde unser Lebenszweck allein darin, zu lernen, wie man liebt.

„Tiere können bedingungslos lieben.
Das ist göttliche Liebe in Aktion."
Harold Klemp, Animals are Soul too!

Liebe umfasst die gesamte Schöpfung – heilende Pflanzen, Tiere und Menschen.

Ich hoffe, dass dieses Buch und die darin beschriebenen ätherischen Öle, ihre Düfte und wundersamen Wirkungen, dich dazu inspirieren, deine Tiere, die dir so viel geben, liebevoll damit zu verwöhnen und durch die Wirkung der Düfte ihnen Liebe, Wohlwollen und Glück zurückzuschenken.

TEIL III: Die Öle im Überblick

Tabellen von A bis Z: Ätherische Öle und ihre therapeutische Anwendung für Tiere 12

Die beliebtesten ätherischen Öle in der Tierpflege

Diese Tabelle gibt einen schnellen Überblick über einige der beliebtesten Öle, ihre Wirkungen und Anwendungen. Alle nachfolgenden Tabellen verstehen sich als Impulse und Inspiration und erheben keinen Anspruch auf Vollständigkeit.

Ätherisches Öl	Wirkung	Anwendung
Baldrian **Valeriana officinalis**	Beruhigend auf das Zentralnervensystem.	Besonders Katzen lieben einen Tropfen auf Stofftier oder Tuch.
Balsamtanne **Abies balsamea**	Antitumoral, antifungal, entzündungshemmend, antioxidativ.	**Aroma-Diffuser:** Für Atmung, Emotionen **Streichelmassage:** Knochen, Muskeln, Sehnen, Entzündungen
Bergamotte **Citrus bergamia**	Beruhigend, antibakteriell, entzündungshemmend, antidepressiv, anhebend, hormonunterstützend.	**Rezept zur Beruhigung:** Bergamotte, Lavendel und Kamille im **Aroma-Diffuser** vernebeln. ***Achtung:*** Photosensitiv*
Copaiba **Copaifera reticulata**	Stark entzündungshemmend, immunstimulierend, nervenunterstützend, wundheilend, schmerzstillend, antibakteriell, antiseptisch.	Ein mildes Öl mit höchster entzündungshemmender Wirkung: Gastritis, Arthritis, Entzündungen jeder Art, Magen-Darm-Erkrankungen, Harnwegserkrankungen. Aroma-Diffuser, Nahrungsergänzung, Massage

***Photosensitiv:** Einige Zitrusöle und andere Öle sind photosensitiv. Nach dem Auftragen des Öls sollte man bis zu 48 Stunden direkte Sonneneinstrahlung und UV Licht meiden.

Ätherisches Öl	Wirkung	Anwendung
Eukalyptus **Eucalyptus globulus**	Antibakteriell, antiviral, antifungal, schleimlösend, unterstützt die Atemwege.	**Aroma-Diffuser:** Eliminiert Krankheitskeime, verhindert Ansteckung, schreckt Insekten ab. **Insektenspray:** Eukalyptus, Zitronella, Zedernholz und Pfefferminze **Massage:** Muskelentspannend, wird gerne bei Pferden angewendet.
Geranie **Pelargonium graveolens**	Krampflösend, antifungal, antibakteriell, blutstillend, entzündungshemmend, leberreinigend.	Aroma-Diffuser **Nahrungsergänzung:** Ringwurm, Pilzbefall Streichelmassage
Grapefruit **Citrus paradisi**	Antitumoral, entgiftend, kreislaufstimulierend, antiseptisch, harntreibend, fettlösend, reinigend, antidepressiv; wehrt Insekten und besonders Zecken ab.	**Rezept gegen Zecken:** Wasser und einige Tropfen Öl in eine Sprühflasche füllen und zur Abwehr von Insekten auf Schuhe und Hosenbeine sprühen.
Immortelle (Helichrysum) **Helichrysum italicum**	Gerinnungshemmend, nervenregenerierend, anästhetisch, antiviral, krampflösend, leberstimulierend; bindet Gifte und Chemikalien.	Wird unverdünnt auf eine offene Wunde getropft. **Massage:** Ist auch bei starker Verdünnung sehr wirksam.
Ingwer **Zingiber officinale**	Entzündungshemmend, durchblutungsfördernd, verdauungsfördernd, schleimlösend.	**Reiseübelkeit:** Ein Tropfen auf ein Handtuch in den Hundekorb legen.
Jasmin Absolue **Jasminum officinale**	Antidepressiv, stimulierend, antibakteriell, nervenberuhigend.	**Massage:** Eine sanfte Bauchmassage mit einigen Tropfen Jasmin und Pflanzenöl beruhigt besonders nervöse und unsichere Pferde.
Römische Kamille **Chamaemelum nobile**	Entspannend, entkrampfend, entzündungshemmend, antiparasitär, anästhetisch, nervenregenerierend.	**Rezept zur Beruhigung:** Aroma-Diffuser mit Kamille und Lavendel z.B. in Tierpraxen, Hundeschulen oder im Stall laufen lassen.

Ätherisches Öl	Wirkung	Anwendung
Lavendel **Lavandula officinalis**	Antiseptisch, antifungal, schmerzstillend, antitumoral, krampflösend, entspannend, entzündungshemmend, hautregenerierend.	**Keime und Pilze:** Direkt auf die Haut auftragen oder im Shampoo verwenden. **Raumspray:** Öl in Wasser oder Alkohol mischen und vor Gebrauch gut schütteln. **Nervöse, hyperaktive Tiere:** Ein Tropfen Lavendel auf den Polster oder Schlafplatz tropfen oder damit streicheln.
Majoran **Origanum majorana**	Antibakteriell, antifungal, gefäßerweiternd, blutdrucksenkend, schleimlösend.	**Massage:** Ein paar Tropfen auf der Handfläche verreiben und sanft das Haustier massieren.
Mandarine **Citrus reticulata**	Antitumoral, entspannend, krampflösend, antioxidativ, verdauungsanregend, kreislaufanregend.	Bei Angst, Nervosität und Stress; stärkt das Verdauungssystem ***Achtung:*** Photosensitiv* daher das Öl im **Aroma-Diffuser** vernebeln.
Teebaum **Melaleuca alternifolia**	Kraftvoll antibakteriell, antifungal, antiviral, antiparasitär, entzündungshemmend	**Hautirritationen:** Ein bis drei Tropfen Teebaumöl unverdünnt auf Hautabschürfungen, Schnittwunden, Prellungen, Insektenstichen tropfen. Teebaumöl brennt nicht. Achtung bei Katzen!
Muskatellersalbei **Salvia sclarea**	Antifungal, krampflösend, entspannend, östrogenähnlich, cholesterinreduzierend.	Aroma-Diffuser Streichelmassage
Palo Santo **Bursera graveolens**	Knochenregenerierend, hautregenerierend, immunstimulierend, stimmungsaufhellend.	**Aroma-Diffuser:** Atemwege **Streichelmassage:** Immunsystem, Knochenbruch, Hautregeneration
Pfefferminze **Mentha piperita**	Entzündungshemmend, antiparasitär, antibakteriell, antiviral, antifungal, schmerzlösend, verdauungsfördernd, schleimlösend, appetitanregend	**Übelkeit**: Pfefferminzöl auf das Hundepolster geben. **Unterstützung der Gelenke**: Pfefferminze, Zypresse, Lavendel

*Photosensitiv: Einige Zitrusöle und andere Öle sind photosensitiv. Nach dem Auftragen des Öls sollte man bis zu 48 Stunden direkte Sonneneinstrahlung und UV Licht meiden.

Ätherisches Öl	Wirkung	Anwendung
Rosmarin Rosmarinus officinalis	Leberschützend, antifungal, antibakteriell, antiparasitär, konzentrationsfördernd.	**Massage:** Rosmarin auf die Hände reiben und damit das Tier streicheln oder massieren. **Juckende Haut:** Rosmarin und Pfefferminze wehren Parasiten erfolgreich ab.
Vetiver Vetiveria zizanioides	Antiseptisch, entzündungshemmend, krampflösend, entspannend, erdend, kreislaufstimulierend.	**Angst vor Gewitter:** Einen Tropfen Vetiver verreiben und damit das Fell streicheln **Aroma-Diffuser:** Entspannt und beruhigt.
Weihrauch Boswellia carteri	Antitumoral, antidepressiv, immunstimulierend, muskelentspannend, beruhigend.	**Aroma-Diffuser:** Zur Beruhigung von Körper und Emotionen. **Streichelmassage**
Ylang Ylang Cananga odorata	Krampflösend, antiparasitär, entzündungshemmend.	**Aroma-Diffuser** und **Massage** für Selbstvertrauen und Ruhe
Zedernholz Cedrus atlantica	Antibakteriell, sauerstoffanreichernd, durchblutungsanregend, gedächtnisstärkend.	**Aroma-Diffuser:** Reichert das Blut mit Sauerstoff an, macht mutig, beruhigt. **Streichelmassage:** Hautirritationen, Allergie, Muskelverspannung. ***Achtung:*** **Nicht für trächtige Tiere und Epileptiker.**
Zitrone Citrus limon	Antiseptisch, antitumoral, immunstimulierend, gedächtnisanregend, entspannend.	**Aroma-Diffuser:** Luftreinigung **Nahrungsergänzung:** In Wasser und Futter Streichelmassage
Zitronengras Cymbopogon flexuosus	Antifungal, antibakteriell, antiparasitär, verdauungsfördernd, entzündungshemmend.	**Insektenschutz:** Zitronella und Zitronengras in Pflanzenöl oder Wasser. Aroma-Diffuser **Streichelmassage** auch bei Ringwurm- und Pilzinfektionen.
Zypresse Cupressus sempervirens	Kreislaufanregend, antiinfektiös, krampflösend.	**Inkontinenz:** Für inkontinente Tiere auf den Bauch reiben.

Quelle: Essential Oils Integrative Medical Guide

Die beliebtesten Ölmischungen zur schnellen Anwendung

Die gebräuchlichsten Ölmischungen	
Antibakterielle Ölmischung	Melaleuca alternifolia, Rosmarin, Zitronella, u.a.
Antimikrobielle Ölmischung	Eucalyptus radiata, Nelke, Rosmarin, Zimt, Zitrone, u.a.
Antiseptische Ölmischung	Lavendel, Melaleuca alternifolia, Melaleuca quinquenervia, Rosmarin, u.a.
Beruhigende Ölmischung	Kamille, Mandarine, Orange, Patschuli und Ylang Ylang, u.a.
Ölmischung gegen Schmerzen	Balsamtanne, Immortelle, Oregano, Pfefferminze, u.a.
Ölmischung für die Knochen	Balsamtanne, Lavendel, Römische Kamille, Mandarine, Weihrauch, Zistrose, u.a.
Ölmischung für die Verdauung	Anis, Estragon, Fenchel, Ingwer, Patschuli, Pfefferminze, Wacholder, Zitronengras, u.a.
Ölmischung für die Atmung	Eukalyptus, Kiefer, Myrte, Pfefferminze, Ravensara, Zypresse, u.a.
Trauma Ölmischung	Fichte, Lavendel, Limette, Rose, Weihrauch, Zedernholz, u.a.

Quelle: Essential Oils Integrative Medical Guide

Photosensitive ätherische Öle:		
Angelika	Bergamotte	Bitterorange
Grapefruit	Limette	Zitrone
Petitgrain	Raute	

Anwendung ätherischer Öle bei verschiedenen Tierarten

Mit dem AROMA-DIFFUSER vernebeln		
Im Haus: Auf Wasser basierender Aroma-Diffuser	3 Tropfen in Wasser mehrmals täglich für etwa 15 Minuten vernebeln; *Antimikrobielle Ölmischung*	Für alle kleinen und empfindlichen Tiere; für Luftzirkulation sorgen
Im Stall: Auf ätherischem Öl basierender Aroma-Diffuser	15 Tropfen über längere Zeit vernebeln; *Antimikrobielle Ölmischung*	Das starke Aroma verteilt sich in großen Räumen.

Ätherische Öle im WASSER		
Tierart	Menge des ätherischen Öls	Vorschlag
Vögel	1 Tropfen in 1 Liter Wasser, beginnend mit ¼-½ Tropfen mit Zahnstochermethode	Vor Gebrauch gut mischen (Flasche schütteln); z.B. Melisse: antiviral
Hühner	1 Tropfen oder mehr in 1 Liter Wasser; langsam beginnen	*Antibakterielle Ölmischung*: Stärkt das Immunsystem
Schlangen	1 Zahnstocher der *Antibakteriellen Ölmischung* auf 1 Liter Wasser	Als Trinkwasser und zum Baden
Katzen	Zahnstochermethode; milde Öle verwenden	Katzen verweigern möglicherweise das Wasser
Hunde	1 Tropfen in 1 Liter Wasser	Pfefferminze, Zitrusöle, Melisse
Pferde und Kühe	3-5 Tropfen oder mehr in 200 Liter Wasser	Pfefferminze, Zitrone (Hartplastiktröge verwenden)

Quelle: The Animal Desk Reference, Dr. Melissa Shelton

Ätherische Öle im FUTTER		
Tierart	Menge des ätherischen Öls	Vorschlag
Vögel	Zahnstochermethode	In ihr Lieblingsessen
Frettchen	Zahnstochermethode	In ihr Lieblingsessen
Katzen	Zahnstochermethode	Ins Futter, nicht beliebt
Hunde	Zahnstocher, ansteigend	In Nassfutter gemischt
Pferde	Lieben ätherische Öle	In Futter
Rinder u.a.	Lieben ätherische Öle	In Futter

Quelle: The Animal Desk Reference, Dr. Melissa Shelton

ÄUSSERLICHE ANWENDUNG		
Tierart	Anwendung	Vorschlag
Vögel	Federspray	Feiner Sprühregen auf die Federn (nicht auf den Kopf)
Frettchen, Katzen, Hunde	Öle werden stark verdünnt aufgetragen.	Auf Rücken, schmerzende Stellen, Fußballen
Pferde, Kühe, Ziegen u.a. große Tiere	Öle können unverdünnt aufgetragen werden.	Auf Rücken oder schmerzende Stellen

Quelle: The Animal Desk Reference, Dr. Melissa Shelton

Ätherische Öle in der Tierpflege nach Beschwerdebildern

Beschwerdebild	Ätherische Öle	Anwendung
Allergie	Basilikum, Copaiba, Lavendel, Ocotea, Zitrone, Pfefferminze, Weihrauch, ***Antimikrobielle Ölmischung***	Die *Antimikrobielle Ölmischung* mit dem Aroma-Diffuser vernebeln. Rückenmassage; streicheln
Angst und Nervosität	**Lavendel**, Baldrian, Balsamtanne, Kamille, Mandarine, Majoran, Orange, Patschuli, Ylang Ylang, *Beruhigende Ölmischung*	In den Händen verreiben und damit Kopf, Nacken und Rücken streicheln; verdünnt auf Fußballen und auf Ohrspitzen reiben. Bei Vögeln: Federspray
Arthritis	Copaiba, Immortelle, Balsamtanne, Rosmarin, Weihrauch, **Wintergrün**, *Ölmischung gegen Schmerzen*	Mit dem ätherischen Öl das Fell streicheln; Katzenklo; mit Massageöl verdünnen und die Stelle einreiben. Federspray; Nahrungsergänzungen
Atemprobleme	Basilikum, ***Eucalyptus globulus***, Majoran, Pfefferminze, Oregano, Thymian, Wintergrün, Zypresse	Diese stark antimikrobiellen Öle verdünnt auf den Rücken auftragen, um das Immunsystem zu stärken.
Augen, verklebte	**Lavendel**, Weihrauch, *Antibakterielle Ölmischung*	Mit Aroma-Diffuser vernebeln oder das Öl auf einem Tuch zum Schlafplatz legen.
Blutdruck, hoher	Copaiba, **Ocotea**, Ylang Ylang	1-2 Tropfen auf Schultern und Hüften auftragen. Bei Ocotea ist sorgfältige Überwachung durch den Tierarzt nötig, wenn Medikamente verabreicht werden.
Blutung und Wunden	**Lavendel**, Immortelle, Zistrose	Offene Wunde: Unverdünnt auftragen; Geschlossene Wunde: In Öl oder Salbe mischen und auf die Stelle auftragen
Cushings Syndrom	Balsamtanne, Copaiba, Fenchel, Muskatellersalbei, Weihrauch	Ins Fressen gerührt, morgens: Fenchel, Muskatellersalbei und Weihrauch; abends: Balsamtanne und Copaiba
Diabetes	Geranie, Kiefer, Myrrhe, **Ocotea**, Ylang Ylang	Mit dem Öl das Fell streicheln; ins Katzenklo. Nahrungsergänzungen: Bei Ocotea ist sorgfältige Überwachung durch den Tierarzt nötig, wenn Medikamente verabreicht werden.

Beschwerdebild	Ätherische Öle	Anwendung
Durchfall	**Zitrone**, Pfefferminze, *Antimikrobielle Ölmischung, Ölmischung für die Verdauung*	Starker Durchfall ist ein medizinischer Notfall - Tierheilpraxis aufsuchen. Welpen sofort zum Tierarzt bringen (Gefahr der Austrocknung).
Emotionale Entspannung	**Balsamtanne**, Basilikum, Majoran, Pfefferminze, Oregano, Thymian, Weihrauch, Zypresse	Einige Tropfen auf den Rücken massieren; das Fell streicheln
Energie	Balsamtanne, Muskat, Nelke, Schwarzer Pfeffer, Rosmarin, Wacholder, Zitronengras	Ein paar Tropfen auf den Rücken tropfen und einmassieren; streicheln
Epilepsie	Baldrian, Balsamtanne, Jasmin, Römische Kamille, Lavendel, **Weihrauch**	Achtung: Bei Epilepsie Basilikum, Estragon, Fenchel, Salbei, Wintergrün und Ysop MEIDEN.
Erbrechen	Ingwer, Pfefferminze, *Ölmischung für die Verdauung*	Unbedingt tierärztlichen Rat einholen; Ursache finden
Erkältung und Husten	Copaiba, Eukalyptusöle, Teebaum (Melaleuca), ***Ölmischung für die Atmung***	Auf Brust und oberen Rückenbereich auftragen. Achtung: Minderwertiges Teebaumöl (Melaleuca) kann für Katzen tödlich sein.
Fieber	Eukalyptus, Gewürznelke, Rosmarin, Pfefferminze, Zimt, Zitrone Antimikrobielle Ölmischung	Ölmischung verdünnt auf den Rücken auftragen.
Fliegen, lästige	Geranie, Lavendel, Pfefferminze	In Wasser oder Öl mischen und Huftiere damit besprühen
Flöhe	*Eucalyptus polybractea*, Lavendel, Kiefer, Pfefferminze, Zimt, Zitronella, **Zitronengras**, Antibakterielle Ölmischung	Mit *Antibakterieller Ölmischung* streicheln. Öle in Shampoo, Puder oder in Gel zur Ganzkörperbehandlung mischen.
Gastritis	Copaiba, Nelke, Pfefferminze, ***Ölmischung für die Verdauung***	Ätherische Öle mit Zahnstochermethode ins Futter mischen
Haarbälle	Lavendel, Majoran, Wacholder, ***Ölmischung für die Verdauung***	1 Tr. *Ölmischung für die Verdauung* ins Katzenklo; mit 1 Tr. Fell streicheln; Ernährungsumstellung
Haarverlust	Lavendel, Melaleuca, **Rosmarin**, *Antibakterielle Ölmischung*	Lavendel in das Fell streicheln; die Antibakterielle Ölmischung ins Katzenklo geben
Harninkontinenz	Copaiba	Auf den Bauch reiben und ins Futter geben

Beschwerdebild	Ätherische Öle	Anwendung
Harnwegs-infektion	Baldrian, **Copaiba,** Lavendel, Oregano, Thymian, Wacholder	Mit Aroma-Diffuser vernebeln; mit Copaiba streicheln; Oregano stark verdünnt auf Fußballen reiben
Haut, trockene	Copaiba, **Lavendel**, Melaleuca, Weihrauch	Ätherische Öle in Kokosöl mischen und auftragen.
Hautgeschwulst, Tumorbildung	Balsamtanne, Lavendel, Melaleuca, Myrrhe, Sandelholz, **Weihrauch**, *Beruhigende Ölmischung*	Öle auf die Stelle massieren; streicheln
Hefepilzinfektion	*Eucalyptus globulus*, Geranie, Orange, Patschuli, Pfefferminze, Zitronengras, ***Antiseptische Ölmischung***	Fußbad und Einreibungen mit *Antiseptischer Ölmischung*; Nahrungsergänzungen
Herpes, Katzen	*Eucalyptus polybractea*, Geranie, Immortelle, Lavendel, Majoran, Pfefferminze, Thymian, ***Antimikrobielle Ölmischung***	Das Öl verdünnt auf den Rücken auftragen; das Fell streicheln; 1 Tropfen ins Katzenklo; mit dem Aroma-Diffuser vernebeln; Nahrungsergänzungen
Herzwurm-erkrankung (Prävention)	Basilikum, Eukalyptus, Ingwer, Nelke, Thymian, *Antibakterielle Ölmischung,* ***Ölmischung für die Verdauung***	Öle mit dem Aroma-Diffuser vernebeln; *Antibakterielle Ölmischung* als Insektenspray verwenden; Nahrungsergänzung
Huferkrankung, Hohle Wand, Fußfäule	Lavendel, Melaleuca, Nelke, Oregano, Rosmarin, Thymian, Zimt, Zitrone, ***Antimikrobielle Ölmischung***	*Antimikrobielle Ölmischung* mehrmals täglich unverdünnt auf die Stelle auftragen
Husten, Zwingerhusten	Copaiba, ***Eucalyptus radiata,*** Lavendel, Pfefferminze, Majoran, Rosmarin, Teebaum, Zitronengras, Zitrone	*Antimikrobielle Ölmischung* mit dem Aroma-Diffuser vernebeln. Rückenmassage mit Copaiba und *Eucalyptus radiata*
Hüftdysplasie	Rosmarin, Weihrauch, Wintergrün	Mit Rosmarin und Wintergrün (verdünnt) am unteren Rücken arbeiten; mit Weihrauch beenden.
Knochen, Knochenbruch	Lavendel, Fichte, Ingwer, Pfefferminze, Rosmarin, Thymian, **Wintergrün**, Zitronengras	Verdünnt auf die Stelle auftragen
Kolik	Pfefferminze, ***Ölmischung für die Verdauung***	Die *Ölmischung für die Verdauung* auf den Bauch reiben, während man auf den Tierarzt wartet.

Beschwerdebild	Ätherische Öle	Anwendung
Konjunktivitis	Copaiba, **Lavendel**, Melisse, Weihrauch	Mit dem Aroma-Diffuser vernebeln; 1 Tropfen Copaiba ins Katzenklo; Nahrungsergänzung
Lebensfreude	**Bergamotte**, Geranie, Jasmin, Mandarine, Römische Kamille, Rose, Ylang Ylang, Zitrone	Ein paar Tropfen auf den Rücken tropfen und einmassieren; Fell streicheln
Leber	Fenchel, Geranie, Grapefruit, Immortelle, **Ledum**, Rosmarin, Salbei, Wacholder	Mit Immortelle und Ledum streicheln; 1 Tr. Öl ins Katzenklo
Lecken, obsessives	Lavendel	Lavendel in Kokosöl oder Aloe Vera Gel auf die Stelle reiben.
Luxation	Balsamtanne, Copaiba, Lavendel, **Palo Santo**, Weihrauch, Wintergrün, *Ölmischung gegen Schmerzen*	Mehrmals täglich das Knie mit ätherischen Ölen streicheln. Nahrungsergänzungen
Meningitis	Heiliger Weihrauch	Den Kopf mit dem Öl streicheln.
Milchfluss erhöhen	Fenchel	3 Tropfen ins Futter mischen.
Muskeln, Bänder, Sehnen	Lavendel, **Zitronengras**	Öle auftragen und bandagieren; Nahrungsergänzung
Muskelschmerz	Ingwer, Lavendel, Pfefferminze, Wacholder, **Wintergrün**	Mit ½ Tasse Kaiser Natron mischen, in einen Kübel mit Wasser geben und einreiben. (Kaltes Wasser bei Entzündungen, warmes bei Schmerzen); Öle in Aloe Vera Gel mischen und auf die Stelle auftragen.
Muskelschwund	**Majoran**, Lavendel, Pfefferminze, Wintergrün, Zitronengras, Zypresse	Öl als Nahrungsergänzung mit Zahnstochermethode ins Futter mischen; mit Ölen streicheln
Nierenversagen	Thymian, Wacholder	1 Tr. Thymian verdünnt ins Futter geben; 1 Tr. Wacholder auf die Nierengegend reiben.
Ohrinfektion, Ohrenschmerzen	Balsamtanne, Basilikum, Copaiba, **Lavendel**, Weihrauch	Mit Massageöl verdünnen und in das Außenohr und um das Ohr reiben. Wattebausch nachts auf das Ohr legen.
Ohrmilben	Lavendel, Melaleuca, Pfefferminze, Zitronella, ***Antibakterielle Ölmischung***	Verdünnt auf Wattebausch geben und damit das äußere Ohr reinigen.

Beschwerdebild	Ätherische Öle	Anwendung
Parasiten	Estragon, *Eucalyptus globulus*, Lavendel, Majoran, Nelke, Oregano, Pfefferminze, Thymian, Zitrone, Zitronengras, ***Ölmischung für die Verdauung***	Die *Ölmischung für die Verdauung* auf die Pfoten reiben, um Parasiten freizusetzen.
Reisekrankheit	**Ingwer**, **Pfefferminze**, *Ölmischung für die Verdauung*	Einatmen; 1 Tr. auf ein Tuch geben; mit Massageöl verdünnt auf den Magen reiben
Ruhe und Gelassenheit	**Lavendel**, Baldrian, Kamille, Weihrauch, Mandarine, *Beruhigende Ölmischung*	Mit dem Aroma-Diffuser vernebeln; Pferden dem Futter beifügen, Katzen mit dem Öl streicheln
Stress	**Lavendel**, Balsamtanne, Zitrusdüfte, *Beruhigende Ölmischung*	Mit dem Aroma-Diffuser vernebeln; auf Rücken, Schultern und Beine massieren. Für Vögel: Federspray.
Talgdrüsen	Geranie, Grapefruit, Lavendel, **Weihrauch**, Zitrone	Rückenmassage mit ätherischen Ölen; Öle auf die Stelle auftragen; Pfoten, Kopf und Wirbelsäule streicheln; Nahrungsergänzung
Trauer	Kamille, Mandarine, Orange, Patschuli, Ylang Ylang	Mit dem Öl Kopf, Wirbelsäule und Pfoten streicheln
Traumata	Bergamotte, Geranie, Jasmin, Römische Kamille, Limette, Mandarine, Narde, Rose, Weihrauch, Ylang Ylang, Zedernholz, Zitrone	Mit der Ölmischung streicheln, um Traumata und seelische Schmerzen aufzulösen
Wunden, nässende	Copaiba, Kamille, Ingwer, **Lavendel**, Melaleuca, *Antimikrobielle Ölmischung*	Hautspray: 120 ml Sprühflasche, je 5 Tr. Copaiba, Lavendel, Melaleuca, mit Wasser auffüllen; gut schütteln
Wundheilung	Weihrauch, Lavendel	Öl mit Kokosöl oder Aloe Vera Gel mischen und auf die Stelle auftragen
Zahn, eitriger	**Copaiba**, *Antimikrobielle Ölmischung*	Das Öl auf die Stelle auftragen. 1 Tr. in Pflanzenöl als Nahrungsergänzung
Zecken	In eine 30 ml Glasflasche mit Sprühaufsatz füllt man 2 EL Pflanzenöl und je 1 Tropfen Lavendel, Grapefruit, Eukalyptus, Zitronengras, und Geranie. Mit Wasser auffüllen.	Dieser Zeckenschutz stößt Insekten und besonders Zecken ab. Für Katzen kann man statt Grapefruitöl auch Zedernholz nehmen. Vor Gebrauch gut schütteln. *Antibakterielle Ölmischung* auf das Halsband geben.
Zyste	Weihrauch	Morgens und abends 1 Tropfen auf die Zyste reiben.

Quelle: The Animal Desk Reference, Dr. Melissa Shelton

Pflanzen und ihre lateinischen Namen

Baldrian *Valeriana officinalis*	Balsamtanne *Abies balsamea*	Basilikum *Ocimum basilicum*	Bergamotte *Citrus bergamia*
Copaiba *Copaifera reticulata*	Dill *Anethum graveolens*	Dorado Azul *Guayofolis officinalis*	Elemi *Canarium luzonicum*
Eucalyptus globulus *E. polybractea* *E. radiata*	Fenchel *Foeniculum vulgare*	Fichte *Picea mariana*	Geranie *Pelargonium graveolens*
Gewürznelke *Syzygium aromaticum*	Grapefruit *Citrus paradisi*	Immortelle *Helichrysum italicum*	Ingwer *Zingiber officinale*
Jasmin Absolue *Jasminum officinale*	Kamille, deutsche *Matricaria recutita*	Kamille, römische *Chamaemelum nobile*	Kiefer *Pinus sylvestris*
Lavendel *Lavandula angustifolia*	Ledum *Ledum groenlandicum*	Majoran *Origanum majorana*	Mandarine *Citrus reticulata*
Melisse *Melissa officinalis*	Minze, grüne *Mentha spicata*	Muskatellersalbei *Salvia sclarea*	Myrrhe *Commiphora myrrha*
Ocotea *Ocotea quixos*	Orange *Citrus sinensis*	Oregano *Origanum vulgare*	Palo Santo *Bursera graveolens*
Patschuli *Pogostemon cablin*	Pfefferminze *Mentha piperita*	Rose *Rosa damascena*	Rosmarin *Rosmarinus officinalis*
Salbei *Salvia officinalis*	Sandelholz *Santalum album*	Teebaumöl *Melaleuca alternifolia*	Thymian *Thymus vulgaris*
Vetiver *Vetiveria zizanioides*	Wacholder *Juniperus osteosperma*	Weihrauch *Boswellia carteri* Weihrauch, heiliger *Boswellia sacra*	Wintergrün *Gaultheria procumbens*
Ylang Ylang *Cananga odorata*	Zedernholz *Cedrus atlantica*	Zimtrinde *Cinnamomum verum*	Zistrose *Cistus ladanifer*
Zitrone *Citrus limon*	Zitronengras *Cymbopogon flexuosus*	Zypresse *Cupressus sempervirens*	

Adressen

Ausbildung zum Zertifizierten Tieraromatologen:
Europäische Akademie für Aromatherapie
Österreich
Tel: +43 (0)699 14 2222 15
www.aromaakademie.com

Tierärzte, Tierheilpraktiker, Tierenergetiker, Tieraromatologen:

DEUTSCHLAND	
Patricia Rickmeyer Tierheilpraktikerin, Aromaexpertin für Tiere Bayern, Deutschland www.hippoaktiv.de	Andrea Etzkorn Tieraromatologin Rheinland-Pfalz, Deutschland www.Andrea-Etzkorn.de
Hannah Kristin Olbert Massagetherapeutin, Pferdetherapie Hamburg, Deutschland www.hannaholbert.de	Britta Franke Tierheilpraktikerin Nordrhein-Westfalen, Deutschland www.gesunde-hunde.de
Iris Mohr Hundeheilpraktikerin Schleswig-Holstein, Deutschland www.irismohr.de	Rosemarie Brandl Energetik und Tierkommunikation Österreich, Deutschland Tel: +43 (0)664 3656 629

ÖSTERREICH	
Dipl. Tierarzt Jasmin Prokisch Tierarztpraxis für Kleintiere und Pferde Niederösterreich, Österreich www.tierarzt-prokisch.at	Claudia Iris Russ Referentin, Buchautorin Tieraromatologin Kärnten, Österreich www.ashra.at
Katrin Pröglhöf Tieraromatologin Niederösterreich, Österreich www.tier-aromatologen.at	Petra Buhl Tieraromatologin Salzburg, Österreich www.tier-aromatologen.at

Bezugsquellen:

Ätherische Öle von therapeutischer Qualität

Dieses Buch weist ausdrücklich auf die Gefahren hin, synthetische und unsachgemäß hergestellte Öle zu verwenden. Die Autorin bietet jedem Interessierten eine kostenlose 15-minütige Beratung an. Anmeldung über das Kontaktformular unter:
www.mariaschasteen.com

Alles für unsere Haustiere

Informationen zur „gesunden" Ernährung für unsere Haustiere, Nahrungsergänzungen höchster Qualität, die „professionelle" Zahnreinigung zu Hause (Ultraschall Zahnbürste für Tiere) u.m. können über das Kontaktformular angefordert werden:
www.mariaschasteen.com

Kiefernholz Einstreu für gesunde, glückliche Tiere

Duftende, keimfreie Einstreu für eine artgerechte und stressfreie Aufzucht von Geflügel, Kuh und Co. Gesündere Tiere, höhere biologische Leistung, geringerer Arbeitsaufwand.
http://www.deutsche-einstreu.de

Pferderücken- und Sattelvermessung

Zur Überprüfung und rechtzeitigen Kontrolle von Rücken und Sattel zum Wohl deines Pferdes und zum Schutz vor Folgeschäden:
www.Equiscan.de

Mit Geschichten zum Erfolg

Geschichten machen die Kraft und Bedeutung von ätherischen Ölen im Leben unserer Tiere auf wunderbare Art und Weise sichtbar. Alireza Zokaifar gehört als professioneller Geschichtenerzähler und Coach zu den Ausnahmetalenten Deutschlands.
www.alireza-zokaifar.de

Über die Autorin

Maria L. Schasteen ist ärztlich geprüfte Aromapraktikerin und schaut auf eine über zwanzigjährige Erfahrung mit ätherischen Ölen zurück. Sie ist Autorin unzähliger Therapeuteninformationen und trainiert weltweit ein Team von Gleichgesinnten in der Anwendung hochwirksamer ätherischer Öle. Sie bringt auf ihrer Autorenseite in Facebook, auf ihrer Homepage sowie auf LinkedIn regelmäßig inspirierende Beiträge zum Thema *Aromatherapie*.

Kontakt:
Maria L. Schasteen
www.mariaschasteen.com

Literaturhinweise:

Animals are Soul too! Harold Klemp, ISBN 1-57043-214-7, USA

Animals Sense, Aromapflege für Tiere, Claudia Iris Russ, www.ashra.at, 2015

ARD, The Animal Desk Reference, Melissa Shelton, D.V.M., USA, 2012

Das Seelenleben der Tiere, Peter Wohlleben, Ludwig Verlag, München 2016

Duftmedizin - Ätherische Öle und ihre therapeutische Anwendung, Maria L. Schasteen, Crotona Verlag, Amerang 2016

Essential Oils Desk Reference, D. Gary Young, N.D., Essential Science Publishing, 5th Edition, USA

Essential Oils Integrative Medical Guide, D. Gary Young, N.D., Essential Science Publishing, USA, 2003

Handbuch der heilenden Energien, Waltraud-Maria Hulke, Aquamarin Verlag Grafing 2016

Katzen - Das große Praxisbuch, Gerd Ludwig, Gräfe und Unzer Verlag, 2013

Medizinische Datenbank: www.pubmed.gov

The Chemistry of Essential Oils Made Simple, David Stewart, Ph.D., D.N.M., Care Publications, Marble Hill, Missouri, USA, 2006

Wie Tiere Seelen heilen, Madeleine Walker, Aquamarin Verlag, Grafing, 2016

Interessante Internet-Adressen:

Dr. Karen Becker bietet in ihrem eBook „Homemade Treats for Healthy Pets"
köstliche Rezepte für Katzen und Hunde an (Englisch):
http://media.mercola.com/assets/pdf/ebook/pets-recipes-ebook.pdf

Dr. Eric Zielinski bietet auf seiner Website wertvolle Rezepte und Informationen aus der Welt der ätherischen Öle an. (Englisch)
www.drericz.com

Dr. Andrew Jones erklärt in seiner Youtube Video Serie *Veterinary Secrets* die häufigsten Beschwerdebilder in der Tierheilpraxis (Englisch)
https://www.youtube.com/user/internetpetvet

Tiermedizinportal: TierMedizinPortal.de warnt vor 50 Giftpflanzen.
http://www.tiermedizinportal.de/giftpflanzen

Index

A

Abies balsamea 32, 34, 49, 147, 153, 192, 197, 210
Allergien 29, 75, 94, 172, 175
Aloe Vera 29, 56, 70f., 77, 126, 137, 145, 182, 186ff., 208ff.
Alpakas 53
Angorakatze 125
Angst 22, 32, 47, 77, 96, 153, 165, 186, 199f., 205
Anis 21, 48f., 63, 167f., 201
Anise 62
Antibakterielle Ölmischung 21ff., 35, 37, 41, 45, 49, 53, 67, 71, 79, 87ff., 122, 125, 135, 151, 156, 157f., 160f., 201, 203, 205ff.
Antibiotika 52, 68, 88, 126, 150, 152, 158, 175
Antibiotika, natürliche 52
Antimikrobielle Ölmischung 21, 35, 37, 41, 67, 69, 71, 83, 85ff., 90ff., 119, 150f., 157, 180, 182, 186, 201, 203, 205ff., 209
Antiseptische Ölmischung 21, 35, 37, 88, 201, 207
Arginin 110
Aristoteles 117
Aroma-Diffuser 18, 26, 27, 35, 37ff., 42ff., 57, 66, 76f., 82, 88, 107f., 110, 112, 118f., 122, 126, 149, 156f., 159, 181, 183, 197ff., 203, 205, 207ff.
Arthritis 22, 31, 33f., 56, 58, 83f., 120, 172, 174, 197, 205
Atemwege 23, 62, 128, 198f.
Aura 51, 107, 165
Ausschläge 29
Avocadoöl 74

B

Baden 69, 203
Bakterien 41, 48, 67, 110, 112, 125, 135, 157, 161, 163, 180f., 183
Baldrian 22, 31f., 43, 45, 47, 62ff, 85, 102, 112f., 122, 133, 189, 192, 197, 205f., 209f.
Balsamtanne 21f., 32, 34, 39f., 49, 62f., 69, 71f., 83ff., 89, 120, 133f., 137, 144, 146f., 151, 152, 153f., 192, 197, 201, 205ff.
Basilikum 45, 63, 79, 83, 85ff., 119, 139, 144, 149ff., 205ff., 210
Bauchspeicheldrüsenentzündung 102
Beagle 85
Becker, Karen 169f., 215
Bergamotte 32, 62ff., 102, 134, 140ff., 146f., 197, 202, 208ff.
Bergbohnenkraut 63
Beruhigende Ölmischung 21, 32, 39, 42, 49, 94, 201, 205, 207, 209
Bienenstich 95
Bio-Colostrum 175ff.
Blauer Rainfarn 39
Blut 62, 85, 88, 100f., 116f., 122, 163, 200
Blutdruck 67, 97, 205
Blütenwasser 70ff., 106
Blutgefäße 62
Blut-Hirn-Schranke 101
Blutung 22, 35, 100, 205
Bosten Terrier 171
Boswellia carteri 28, 32, 34, 45, 49, 86, 92, 95f., 99, 119, 123, 126, 137, 141, 144, 153, 191f., 200, 210
Boswellia sacra 28, 101, 141, 210
Brandl, Rosemarie 176, 211
Brandt, Nancy 77
Briard 101

C

Cananga odorata 39, 42, 49, 94, 97, 125, 147, 192, 200, 210
Cassia 52
Catnip 76
Cedrus atlantica 49, 191, 200, 210
Chamaemelum nobile 32, 39, 42, 45, 49, 91, 94, 119, 125, 141, 147, 153, 192, 198, 210
Chihuahua 84, 89
Cinnamomum verum 49, 151, 157, 181, 186, 210
Cistus ladanifer 36, 49, 153, 210
Citrus aurantium 141
Citrus bergamia 32, 147, 197, 210
Citrus latifolia 49, 191

Citrus limon 49, 128, 141, 147, 151, 157, 181, 186, 200, 210
Citrus reticulata 32, 39, 42, 49, 94, 125, 147, 153, 192, 199, 210
Citrus sinensis 32, 39, 42, 49, 94, 125, 192, 210
Collie 85, 93
Commiphora myrrha 119, 210
Copaiba 22, 34, 36, 37f., 49, 67, 71ff., 83f., 87ff., 100, 106, 110, 112f., 118ff., 122, 133, 137, 197, 205ff.
Copaifera reticulata 34, 37, 49, 84, 95, 97f., 119, 137, 197, 210
Coronaviren 181
Cupressus sempervirens 49, 148, 150f., 153, 200
Cushings-Syndrom 84
Cymbopogon flexuosus 38, 49, 126, 147f., 186, 200

D
Dackel 33, 176
Darmgrippe 168f.
Desinfektion 49
Deutsche Einstreu 52
Diabetes 121, 205
Dill 63f., 210
Distemper 181
Dogge 33, 98f., 173
Dosennahrung 25
Durchfall 31, 54, 77f., 85, 100, 114, 121, 136, 168, 206

E
Elemi 106, 122, 210
Emotionale Balance 62
Enten 159
Entwurmen 74, 78
Epilepsie 85, 206
epileptische Anfälle 58, 85, 86
Erkältung 22, 37, 206
Estragon 21, 48f., 62, 63, 85, 136, 167f., 201, 206, 209
Eucalyptus globulus 38, 86, 136, 186, 198, 205, 207, 209
Eucalyptus radiata 21, 35, 37, 41, 49, 65, 89, 129, 135, 145, 151, 157, 181, 186, 201, 207
Eukalyptus 21, 38, 49, 62f., 70ff., 75, 87, 88f., 129, 149f., 157, 180f., 184, 186, 198, 201, 206f., 209
Eukalyptus polybractea 63
Europäischen Akademie für Aromatherapie 117

F
Fellpflege 71f., 86, 90
Fenchel 21, 48f., 62f., 84f., 155f., 167f., 185, 201, 205f., 208, 210
Fensterputzmittel 184
Fichte 21f., 40, 49, 62f., 69, 133f., 144, 190f., 201, 207, 210
Fische 31, 161, 163f., 170
Fleckenentferner 183
Fliegen 68, 76, 131, 134, 157, 182, 206
Flöhe 22, 38, 70, 75f., 86, 106, 118, 128f., 137, 169, 206
Flohhalsband 47
Foeniculum vulgare 49, 156, 210
Fohlen 52, 146, 150f.
Franke, Britta 101, 211
Frettchen 31, 39, 53, 77, 155, 204

G
Gabapentin 171
Gänse 159
Gastritis 103, 197, 206
Gattefossé, René-Maurice 60
Gaultheria procumbens 34, 99, 120, 148, 150f., 153
Geflügel 52, 158, 213
Gehirn 62, 67, 101, 169, 173, 177
Gelenke 63, 89, 172, 177, 199
Gemüse 68f., 182
Geranie 32, 35, 62, 63, 75, 84, 88, 102, 106, 118f., 121, 123, 129, 133f., 140f., 146f., 185, 198, 205ff.
Geruchssinn 18, 27, 53, 57, 67, 140, 158
Gewitter 96, 200
Glucuronyltranferase 107
Glyphosat 187
Goethe, Johann Wolfgang von 105
Gojisaft 33, 90
Golden Retriever 85, 99
Goldrute 63
Grapefruit 63, 75f., 92, 97, 123, 198, 202, 208ff.
Grüne Minze 63, 84

H
Haarausfall 84, 86
Haarverlust 125, 206
Hamamelis 77
Hamster 31, 155, 163
Harnwege 63
Harnwegserkrankung 122

Harnwegsinfektion 100
Hasen 52, 155, 157, 163
Haushaltsgifte 52
Haushaltsreiniger 39, 115, 157, 182, 185, 187
Hautausschlag 27, 28, 87f.
Hautempfindlichkeit 58
Hautgeschwulst 22, 39, 207
Hautirritationen 29, 55, 165, 199f.
Hefepilze 87, 181
Herpes 127f., 207
Herz 25, 45, 63, 65, 102, 112, 139f., 165, 169, 173, 177, 185, 189, 192, 194
Herzwurmerkrankung 31, 87
Hormonhaushalt 63
Huferkrankungen 135
Hufpflege 31
Hüftdysplasie 99, 172, 207
Hühner 31, 53, 159f., 170, 175, 203
Husten 20, 22, 37, 87f., 128, 206,

I

Immortelle 21f., 34ff., 40, 49, 62f., 68, 77, 83, 106, 120, 185, 198, 201, 205, 207f., 210
Immunsystem 63, 67, 83, 87, 92, 117, 119, 143, 149, 163, 170ff., 175ff., 181, 184, 199, 203, 205
Infektion 49
Ingwer 21f., 32, 41, 48f., 62f., 87, 90, 134, 136, 145, 167f., 198, 201, 206ff.
Ingweröl 41
Inhalation 67
Inkontinenz 84, 200
Insekten 47, 68ff., 75, 134, 145, 184, 198, 209
Ivermectin 87

J

Jack Russell Terrier 89, 98
Jasminum officinale 147, 198, 210
Juckreiz 27f., 38, 58, 70, 76, 86f., 91, 123, 181
Juniper 62
Juniperus osteosperma 49, 99, 147, 186

K

Kaiser Natron 74, 112, 145, 183, 208
Kakadu 43f.
Kälber 52
Kamille 21f., 32, 42f., 45, 49, 62f., 85, 90f., 94, 102, 106, 118f., 124f., 135, 140f., 146f., 151ff., 173, 185, 192, 197f., 201, 205f., 208ff.
Kampfer 60
Kastration 118
Katarakt 89
Katzenminze 112
Katzenschnupfen 176
Katzenwedel 25
Keime 67, 180, 199
Ketone 107
Ketonen 57
Kiefer 21f., 49, 62f., 69f., 121, 158, 176, 184, 186, 201, 205f., 210
Kieferpellets 52
Klemp, Harold 195, 215
Kletterbaum 25
Knoblauch 88
Knochen 21f., 33ff., 40, 49, 72, 82f., 89, 120, 150, 172, 174, 177, 197, 201, 207
Kokosöl 29f., 36, 51, 65, 74ff., 79, 91, 94f., 107, 113, 118, 143f., 207ff.
Kolik 135, 207
Koma 58
Kompressen 72
Konjunktivitis 122, 208
Konservierungsmittel 39
Kortisonsalbe 47
Kühe 31, 53, 116, 155, 163, 194, 203

L

Labrador-Husky Mischling 97
Labrador Retriever 85, 100
Lamas 53
Laurinsäure 76
Läuse 70ff., 128
Lavandin 60
Lavandula angustifolia 27ff., 36, 40, 45, 49, 60, 68f., 86, 91, 94ff., 119, 125f., 128f., 141, 148, 153, 186, 191f.
Lavendel 14, 21f., 26, 29f., 32, 35, 40, 42ff., 47, 49, 60, 62f., 67ff., 79, 83, 85f., 88ff., 94f., 96, 102, 106, 118ff., 133ff., 140f., 145, 148, 151ff., 159, 182, 184, 186, 190ff., 197ff., 201, 205ff.
Lavendel-Augenspray 68f.
Lavendelöl 26ff., 35, 43, 59ff., 74, 94ff., 113, 125ff., 129, 165
Lebensmittelvergiftung 167
Leber 63, 85, 107, 172, 177, 180, 185, 208
Ledum 63, 83, 208, 210
Lemongrass 62f.
Lhasa Apso 190
Limette 21, 49, 133, 190f., 201f., 209
Lorenz, Konrad 31

Lunge 63, 67
Luxation 31, 89, 208
Lymphsystem 63

M
Majoran 22, 32, 45, 47, 62f., 83, 88, 90, 100, 121, 137, 139, 140f., 144, 148ff., 153, 199, 205f., 207ff.
Mandarine 21, 32, 39, 42, 49, 63, 67, 94, 102, 124f., 140f., 146f., 152f., 172, 192, 199, 201, 205, 208ff.
Mandelöl 74
Massage-Ölmischung 66
Melaleuca alternifolia 21, 22f., 41, 45, 49, 88, 90, 95, 98, 122, 125f., 135f., 145, 157, 181, 199, 201
Melisse 53, 56, 63, 122, 135, 169, 203, 208, 210
Meningitis 101, 208
Mentha piperita 40, 49, 103, 128, 137, 148, 150f., 153, 199, 210
Methylsalicylat 58
Milben 87
Milbenmax® 100
Milchziegen 155f.
Mohr, Iris 100, 211
Molar 98
Mops 103
Mundgeruch 78
Muskatellersalbei 32, 62, 63f., 84, 102, 106, 134, 199, 205, 210
Muskelkrämpfe 47
Muskeln 34ff., 63, 83, 89, 120, 132, 145, 152f., 172, 174, 177, 197, 208
Muskelschwund 22, 31, 90, 137, 148, 208
Myristica fragrans 147
Myrrhe 22, 36, 62f., 78f., 118f., 121, 205, 207, 210
Myrte 21, 49, 84, 201

N
Nahrungsergänzungen 33ff., 39, 43f., 45, 54, 56, 57, 78, 84, 88, 90f., 114, 148, 169, 175, 177, 205, 207, 208f., 213
Nebennierentumor 39
Nelke 21, 35, 37, 41, 62f., 100, 118, 119f., 135, 137, 146, 147f., 151, 157, 180f., 201, 206f., 209
Neosporin® 123
Nervensystem 63, 153
Nervosität 22, 32, 96, 102, 199, 205
Nieren 63, 98, 99f., 111, 168
Niereninsuffizienz 98
NSAID Entzündungshemmer 83, 120

O
Obst 68f., 182
Ocimum basilicum 150f., 153, 210
Ocotea 83, 121, 205, 210
Ohrinfektion 22, 30, 122, 208
Ohrmilben 31, 79, 118, 122, 208
Ohrreinigung 74, 79, 122
Olbert, Hannah 132, 138
Olivenöl 50, 51f., 56, 57f., 65, 70, 107, 110
Ölmischung für die Atmung 21f., 201, 206
Ölmischung für die Knochen 21, 49, 201
Ölmischung für die Verdauung 21f., 41, 47f., 72, 78, 85, 87, 111f., 121, 135f., 167f., 201, 206f., 209
Ölmischung gegen Schmerzen 21f., 34, 40, 49, 56, 71f., 83, 89, 120, 201, 205, 208
Ölspray 70
Orange 21, 32, 35, 39, 42, 49, 56, 63, 79, 88, 94, 102, 124f., 134, 140, 159, 172, 192, 201, 205, 207, 209f.
Oregano 21, 34, 40, 49f., 52, 57, 62f., 83, 88, 100, 106, 135, 137, 139, 149ff., 153, 201, 205ff., 209, 210
Origanum majorana 32, 137, 141, 148, 150f., 153, 199, 210
Origanum vulgare 49, 100, 137, 150f., 153, 210

P
Palmarosa 102
Palo Santo 34, 40, 62f., 72, 89, 199, 208, 210
Parasiten 31, 47, 75, 87, 101, 112, 135f., 161, 168f., 172, 177, 200, 209
Parasitenkur 100f.
Parvoviren 181
Patschuli 21, 32, 39, 42, 48f., 88, 94, 118f., 124, 125, 167f., 192, 201, 205, 207, 209f.
Pelargonium graveolens 32, 119, 129, 141, 147, 198, 210
Permethrin 76f.
Peroxid 123
Pfefferminze 21f., 34, 38, 40f., 47ff., 53, 56, 62f., 67, 76, 78f., 83, 85ff., 100, 119f., 127f., 133ff., 139, 145, 148ff., 153, 161, 167, 181, 198ff., 203, 205ff.
Pfefferminzöl 23, 51, 68, 76, 103, 127, 199
Pflanzenöl 32, 36, 50ff., 65f., 70f., 75, 77ff., 83, 98, 100, 106f., 119, 120f., 126, 134ff., 144, 167, 198, 200, 209

Phenole 107
Phenolen 50, 57, 106
Picasso, Pablo 105
Picea mariana 49, 191, 210
Pilze 161, 181, 194, 199
Pinus sylvestris 49, 186, 210
Piper nigrum 147
Pogostemon cablin 39, 42, 49, 94, 119, 125, 192, 210
Propylenglykol 69
Pyrethroiden 76

R
Ravensara 21, 49, 63, 201
Reisekrankheit 22, 41, 168, 209
Reptilien 170
Rickmeyer, Patricia 151, 211
Rimadyl® 173
Rinder 53, 58, 175, 204
Römische Kamille 21, 22, 49, 62f., 91, 102, 106, 140, 141, 146, 147, 152f., 198, 201, 206, 208f.
Rosa damascena 49, 147, 191, 210
Rose 21, 49, 102, 146f., 190f., 201, 208ff.
Rosmarin 21f., 35, 37, 41, 45, 47, 49, 62f., 65, 88, 93, 99, 106, 125f., 135, 136, 137ff., 146f., 149, 151, 156f., 169, 180f., 184ff., 200f., 205ff., 210
Rosmarinus officinalis 49, 93, 99, 125f., 147, 151, 157, 181, 186, 200
Rottweiler 91
Rötung 58, 91, 94
Rückenschmerzen 31, 120, 148
Russ, Claudia Iris 117, 146, 212, 215

S
Salbei 45, 62f., 84f., 102, 206, 208, 210
Salicylsäure 58
Salicylsäuremethylester 58
Sandelholz 32, 39, 62f., 79, 102, 207, 210
Satteldruck 137
Schafe 31, 53, 58, 155, 163, 175
Schäferhund 101
Schielen 58
Schildkröten 161, 169
Sehnen 22, 33ff., 83, 89, 120, 153, 174, 177, 197, 208
Seuning, Waldemar 133
Shakespeare, William 131
Shelton, Melissa 34, 39, 52, 53f., 59, 78, 83, 111, 120, 159, 161, 173f., 181, 203f., 209, 215
Shih Tzu 30
Sisalbälle 25, 113
Sodium Laurylsulfat 69
Sonnenblumenöl 51, 107
Spulwürmer 100
Steroid-Präparat 30
Stoffwechsel 63, 109
Stress 22, 32, 43f., 47f., 55, 65, 67, 69, 84, 88, 93, 108, 113, 122, 149, 153, 157, 199, 209
Sulfur-MSM 33ff., 44f., 83ff., 88, 89, 90ff., 119ff., 172f., 177
Superkeime 68
Syzygium aromaticum 49, 119, 137, 147, 151, 157, 181, 186

T
Talgdrüsenzyste 123
Taurin 110
Teebaum 22, 62f., 94, 199, 206f.
Teebaumöl 22, 50, 51, 94f., 98, 107, 115, 126, 137, 156, 181, 199, 206, 210
Tetanusmittel 49
Thompson, Jeannie 171ff.
Thymian 45, 50, 62, 63f., 83, 86f., 98ff., 106, 122, 135ff., 139, 149ff., 153, 184, 186, 205ff.
Thymus vulgaris 99, 137, 150f., 153, 186, 210
Tieraromatologen 116f., 211
TRAUMA 49
Trauma Ölmischung 21, 49, 201
Traumata 102, 132f., 141, 165, 190f., 193, 209
Trockenfutter 25, 111
Truthähne 159, 160
Tumorwachstum 31

U
Umweltgifte 31, 87, 91, 115, 179

V
Valeriana officinalis 32, 45, 192, 197, 210
Valnet, Jean 181
Vergiftung 58, 85
Vetiver 34, 63, 77, 102, 200, 210
Vögel 31, 43, 45, 52f., 55f., 68, 155, 159, 164, 170, 173f., 203f., 209
Vogelgrippe 160

W
Wacholder 21, 48f., 62f., 98f., 121f., 134, 145ff., 167f., 184, 186, 201, 206ff., 210
Wasser-Ölmischung 35, 66

Weihrauch 21f., 28, 32, 34, 36f., 39, 43ff., 49, 62, 63, 77, 79, 83ff., 88f., 92, 94ff., 99ff., 106, 118ff., 122f., 125f., 133f., 137, 140, 141, 143, 144, 151ff., 190ff., 200f., 205ff.
Weihrauchöl 27f., 92, 96, 99, 112, 123, 140, 143f.
Wenker, Olivier 18
Wintergrün 22, 34, 40, 58f., 62f. 83, 85, 89, 99, 120, 133, 139, 144f., 148ff., 153, 205ff., 210
Wintergrünöl 58, 59, 71, 99, 115, 120, 150
Wirbelsäule 63, 92, 123ff., 209
Wolfsbeerensaft 33ff., 39, 44f., 78, 83ff., 87ff., 120, 122, 135, 148, 171, 172, 173ff., 175, 177
Wunden, nässende 90
Wunden, offene 22, 35, 70
Würmer 47, 136

Y

Ylang Ylang 21, 32, 39, 42, 49, 62f., 94, 97, 102, 121, 124f., 134, 146f., 192, 200f., 205, 208ff.
Yorkshire Terrier 89
Ysop 85, 206

Z

Zahnen 82, 176
Zähneputzen 73
Zeaxanthin 171
Zecken 74ff., 87, 106, 113, 198, 209
Zedernholz 21, 49, 62f., 75, 106, 133, 136, 190f., 198, 200f., 209f.
Ziegen 31, 53, 58, 155, 163, 175, 204
Zielinski, Eric 74, 215
Zimt 21, 35, 37, 41, 49, 52, 57, 62f., 65, 78, 86, 106, 134f., 149ff., 157, 180, 181, 182ff., 186, 201, 206f.
Zistrose 21f., 35, 49, 134, 152f., 201, 205, 210
Zistrosenöl 68
Zitrone 21, 35, 37, 41, 45, 49, 53, 56, 62f., 65, 67, 77, 85f., 88f., 92, 102, 123, 128, 135f., 140, 146f., 149ff., 157, 159, 161, 169, 172, 180f., 184, 186, 200ff., 205ff.
Zitronella 21f., 41, 45, 49, 63, 70, 76, 86, 88, 122, 125, 156, 198, 200f., 206, 208
Zitronengras 21f., 38, 40, 45, 47ff., 70, 74ff., 83, 86ff., 113, 120, 126, 133ff., 146ff., 167ff., 184, 186, 200f., 206ff.
Zitrusöle 39, 45, 50, 53, 107, 133f., 197, 199, 203
Zittern 58, 77
Zucker 88
Zwingerhusten 37, 88, 207
Zypresse 21, 37, 49, 62f., 67, 77, 83, 86, 89, 139, 148ff., 153, 199ff., 205, 206f., 208, 210
Zyste 96, 123, 209

Dieses Buch entwickelt die uralte Aromatherapie weiter zu einem neuen Ansatz des energetischen Heilens. Pflanzendüfte wirken nicht nur angenehm oder beruhigend, sie verbessern nicht nur die Raumatmosphäre, sondern sie können, wissend eingesetzt, eine nachhaltig heilsame Wirkung ausüben.
Maria Schasteen, aufbauend auf einer jahrzehntelangen Erfahrung als Aromatherapeutin, weist den Weg in einen neuen Heilungskosmos, der bisher ungekannte Möglichkeiten für eine alternative Energiemedizin aufzeigt.
Die „Duft-Medizin“ öffnet ein Tor in seelische Innenwelten, in denen auf eine wunderbare, bisher noch nicht erschlossene Weise Heilung erfolgen kann!

Maria L. Schasteen
Duftmedizin
ISBN 978-3-86191-074-9
Broschur
224 Seiten |

Duftmedizin